水环境监测与修复

卢建斌　展小燕　王智强　主编

U0194329

延吉·延边大学出版社

图书在版编目（CIP）数据

水环境监测与修复 / 卢建斌，展小燕，王智强主编
. -- 延吉 : 延边大学出版社, 2024.4
ISBN 978-7-230-06394-4

Ⅰ. ①水… Ⅱ. ①卢… ②展… ③王… Ⅲ. ①水环境
－环境监测②水环境－生态恢复 Ⅳ. ①X832②X171.4

中国国家版本馆CIP数据核字(2024)第076796号

水环境监测与修复
SHUIHUANJING JIANCE YU XIUFU

主　　编：卢建斌　展小燕　王智强
责任编辑：王治刚
封面设计：文合文化
出版发行：延边大学出版社
社　　址：吉林省延吉市公园路977号　　　　邮　　编：133002
网　　址：http://www.ydcbs.com　　　　E-mail: ydcbs@ydcbs.com
电　　话：0433-2732435　　　　传　　真：0433-2732434
印　　刷：廊坊市海涛印刷有限公司
开　　本：710×1000　1/16
印　　张：13
字　　数：220 千字
版　　次：2024 年 4 月 第 1 版
印　　次：2024 年 4 月 第 1 次印刷
书　　号：ISBN 978-7-230-06394-4

定价：65.00元

编 写 成 员

主　　编：卢建斌　展小燕　王智强

副 主 编：袁　芳　沙见锡　陶志斌　李新宽

　　　　　邓添铭

编　　委：石　强

编写单位：晋中市水文水资源勘测站

　　　　　徐州市邳州环境监测站

　　　　　山东美陵中联环境工程有限公司

　　　　　山东省第三地质矿产勘查院

　　　　　青岛西海岸新区水务发展中心

　　　　　金堆城钼业股份有限公司

　　　　　北京市产品质量监督检验研究院

前　　言

　　水作为地球上所有生命的源泉，其质量与可持续性对我们的生活、经济和社会进步至关重要。然而，随着工业化的加速、城市化的推进以及人类活动的不断增多，水环境正面临着前所未有的挑战。水质恶化、水体污染、水资源短缺等问题日益凸显，已经成为全球关注的焦点。因此，对水环境进行监测与修复，不仅关系到我们的生存环境，更关系到人类的可持续发展。

　　水环境监测是评估水体质量的基础。通过监测水质、水量以及水体中影响生态与环境质量的各种因素，可以及时了解水环境状况，为政府制定水污染防治政策提供科学依据。目前，我国已经建立了较为完善的水环境监测网络和制度，包括国家地表水环境质量监测网、污染源监测等，为水环境管理提供了有力支持。另外，水环境恢复研究有助于修复受损的水生态系统。通过研究水环境污染的成因、传输途径和影响因素，可以有针对性地采取物理、化学和生物技术等手段，减轻水污染的影响，恢复水体的生态功能。

　　本书共分七章，主要内容包括水环境与水环境监测概况、水环境监测项目、水环境监测技术、水环境监测流程、水环境修复概述、地表水环境修复及地下水环境修复。在本书的撰写过程中，笔者参阅了大量的相关文献，在此向相关文献的作者表示诚挚的感谢和敬意。由于笔者水平有限，书中难免会有疏漏、不妥之处，恳请专家、同行不吝批评指正。

笔者

2024 年 2 月

目　录

第一章　水环境与水环境监测概述 ………………………………… 1

　　第一节　水环境及我国水环境的现状 ……………………… 1

　　第二节　水环境监测概述 …………………………………… 10

第二章　水环境监测项目 …………………………………………… 16

　　第一节　水环境物理指标监测 ……………………………… 16

　　第二节　水环境化学指标监测 ……………………………… 25

　　第三节　水环境生物指标监测 ……………………………… 30

第三章　水环境监测技术 …………………………………………… 39

　　第一节　离子色谱技术 ……………………………………… 39

　　第二节　气相色谱技术 ……………………………………… 43

　　第三节　生物监测技术 ……………………………………… 48

　　第四节　现代化萃取技术 …………………………………… 55

　　第五节　无人机技术 ………………………………………… 61

　　第六节　遥感技术 …………………………………………… 65

　　第七节　三维荧光技术 ……………………………………… 70

　　第八节　水生态环境物联网智慧监测技术 ………………… 73

第四章　水环境监测流程 …… 83

第一节　水环境监测方案制订 …… 83

第二节　水样的分类、采集、保存与运输 …… 92

第三节　水环境监测数据审核 …… 99

第五章　水环境修复概述 …… 103

第一节　环境修复及其分类 …… 103

第二节　水环境修复的目标、原则和设计 …… 106

第三节　水环境修复的方法 …… 109

第六章　地表水环境修复 …… 130

第一节　地表水及其污染 …… 130

第二节　河流水环境修复 …… 140

第三节　湖库水环境修复 …… 155

第四节　湿地环境修复 …… 165

第七章　地下水环境修复 …… 173

第一节　地下水及其污染 …… 173

第二节　地下水污染修复 …… 183

第三节　土壤-地下水联合修复技术 …… 191

参考文献 …… 196

第一章　水环境与水环境监测概述

第一节　水环境及我国水环境的现状

一、水环境的概念

水环境是指自然界中水的形成、分布和转化所处的空间环境，是围绕人群空间及可直接或间接影响人类生活和发展的水体，其正常功能的各种自然因素和有关的社会因素的总体。水体面积约占地球表面积的71%。水是由海洋水和陆地水两部分组成的，海洋水和陆地水分别占总水量的97.28%和2.72%。后者所占比例很小，且所处的空间环境十分复杂。水在地球上处于不断循环的动态平衡状态。天然水的基本化学成分和含量，反映了它在不同自然环境循环过程中的原始物理化学性质，是研究水环境中元素存在、迁移和转化以及环境质量（或污染程度）与水质评价的基本依据。水环境主要由地表水环境和地下水环境两部分组成。地表水环境包括河流、湖泊、水库、海洋、池塘、沼泽、冰川等，地下水环境包括泉水、浅层地下水、深层地下水等。水环境是构成环境的基本要素之一，是人类社会赖以生存和发展的重要场所，也是受人类干扰和破坏最严重的领域。水环境的污染和破坏已成为当今世界主要的环境问题之一。

二、水环境污染

（一）污染源

造成水体污染的因素是多方面的，如：向水体排放未经妥善处理的城市污水和工业废水；施用的化肥、农药，城市地面的污染物被水冲刷，进入水体；随大气扩散的有毒物质通过重力沉降或通过降水过程进入水体；等等。

按照污染源的成因，可以将其分成自然污染源和人为污染源两类。自然污染源是自然形成的，由于人们还无法完全对许多自然现象实行强有力的控制，因此难以控制自然污染源。人为污染源是指由人类活动造成的污染源，包括工业、农业和生活等所产生的污染源。人为污染源是可以控制的，但是不加控制的人为污染源对水体的污染远比自然污染源所引起的水体污染严重。人为污染源产生的污染频率高、数量多、种类多、危害深，是造成水环境污染的主要因素。

按照污染源的存在形态，可以将其分为点源污染和面源污染。点源污染以点状形式排放，如工业生产废水和城市生活污水。点源污染的特点是排污频率高，污染物量多且成分复杂，排放具有季节性和随机性，它的量可以直接测定或者定量化，其影响可以直接评价。而面源污染则是以面的形式分布和排放污染物而造成的水体污染。面源污染的排放是以扩散方式进行的，时断时续，并与气象因素有联系，其排放量不易调查清楚。

（二）天然水体的主要污染物

天然水体的污染物从环境科学角度可以分为以下几类：

1.耗氧有机物

生活污水和造纸、制革、奶制品等工业废水中含有大量的碳水化合物、蛋白质、脂肪、木质素等。虽然它们属于无毒有机物，但是如果不经处理直接排入自然水体，经过微生物的生化作用，会最终分解为二氧化碳和水等简单的无机物。在有机物的微生物降解过程中，水体中大量的溶解氧被消耗，溶解氧浓度会下降。当水中的溶解氧被耗尽时，鱼类及其他需氧生物会因缺氧而死亡，同时在水中厌氧微生物的作用下，会产生有害的物质，如甲烷、氨和硫化氢等，使水体发臭变黑。

2.重金属污染物

矿石与水体的相互作用，以及采矿、冶炼、电镀等工业废水的泄漏会使水体中有一定量的重金属物质，如汞、铅、铜、锌、镉等。这些重金属物质在水中即使只有很低的浓度也会产生危害，这是由于它们在水体中不能被微生物降解，而只能发生各种形态的相互转化和迁移。重金属物质除被悬浮物带走外，还会由于沉淀作用和吸附作用而富集于水体的底泥中，成为长期的次生污染源；同时，水中氯离子、硫酸根离子、氢氧根离子、腐殖质等无机和有机配位体会与其生成络合物或螯合物，导致重金属有更高的水溶解度而从底泥中重新释放出来。如果人类长期饮用被重金属污染的水，食用被重金属污染的农作物、鱼类、贝类，有害重金属就会为人体所摄取，积累于体内，对身体健康产生不良影响，致病甚至危害生命。

3.植物营养物质

营养性污染物是指水体中含有的可被微型藻类吸收利用并可能造成藻类大量繁殖的植物营养物质，通常是指含有氮元素和磷元素的化合物。

4.有毒有机物

有毒有机污染物指酚、多环芳烃和各种人工合成的且具有积累性生物毒性的物质，如多氯农药、有机氯化物等持久性有机毒物，以及石油类污染物质等。

5.酸碱及一般无机盐类

这类污染物会使水体的 pH 值发生变化，抑制细菌及微生物的生长，降低水体自净能力，提高水中无机盐的浓度和水的硬度，给工业和生活用水带来不利影响，也会引起土壤盐渍化。

酸性物质主要来自酸雨和酸性工业废水。碱性物质主要来自造纸、化纤、炼油、皮革制造等工业废水。酸碱污染不仅会腐蚀船舶和水上构筑物，而且会改变水生生物的生活条件，影响水的用途，增加工业用水处理费用等。含盐的水会在公共用水及配水管内留下水垢，增加水流的阻力，降低水管的过水能力。酸性和碱性物质会影响水处理过程中絮体的形成，进而影响水处理效果。长期灌溉 pH 值＞9 的水，会使蔬菜死亡。可见，水体的酸性、碱性以及盐类含量都会给人类的生产和生活带来影响。但是，水体中的盐类是人体不可缺少的成分，对于维持细胞的渗透压和调节人体的活动有着重要意义。同时，适量的盐类会改善水的口感。

6.病原微生物污染物

病原微生物污染物主要是指病毒、细菌、寄生虫等，主要来源于制革厂、生物制品厂、洗毛厂、屠宰厂、医疗单位及城市生活污水等。其危害主要表现为传播疾病，如：细菌可引起痢疾、伤寒、霍乱等；病毒可引起病毒性肝炎、脊髓灰质炎等；寄生虫可引起血吸虫病、钩端螺旋体病等。

7.放射性污染物

放射性污染物是指各种放射性核素污染物。随着核能、核素在诸多领域中的应用，放射性废物的排放量不断增加，已对环境和人类构成严重威胁。

自然界中本身就存在着微量的放射性物质。天然放射性核素分为两大类：一类由宇宙射线的粒子与大气中的物质相互作用产生；另一类是地球在形成过程中存在的核素及其衰变产物，如铀、铷等。天然放射性物质在自然界中分布很广，存在于矿石、土壤、天然水、大气及动植物的所有组织中。目前已经确定并已做出鉴定的天然放射性物质超过 40 种。一般认为，天然放射性本底基本上不会影响人类和动物的健康。

人为放射性物质主要来源于核试验、核爆炸的沉降物，核工业放射性核素废物的排放，医疗、机械、科研等单位在应用放射性同位素时排放的含放射性物质的粉尘、废水和废弃物，以及意外事故造成的环境污染等。人们对于放射性物质的危害既熟悉又陌生，它通常是与威力无比的原子弹、氢弹的爆炸关联在一起的，随着全世界和平利用核能呼声的高涨，核武器的禁止使用，核试验已大大减少，人们似乎已经远离放射性危害。然而近年来，随着放射性同位素及射线装置在工农业、医疗、科研等领域的广泛应用，放射性污染物危害的威胁在增强。

天然放射性污染物可通过牧草、饲草和饮水等途径进入家禽、家畜体内，并蓄积于组织器官中。放射性物质能够直接或者间接地破坏机体内某些大分子，如脱氧核糖核酸、核糖核酸及一些重要的酶结构。放射性物质辐射还能够对人产生远期的危害效应，包括辐射致癌、白血病、白内障等方面的损害以及遗传效应等。

8.热污染

水体热污染主要来源于工矿企业向江河排放的冷却水，其中以电力工业为主，其次是冶金、化工、石油、造纸、建材和机械等工业。它的主要影响是：使水体中溶解氧减少，增强某些有毒物质的毒性，抑制鱼类的繁殖，破坏水生生态环境，进而引起水质恶化。

（三）水体污染的危害

1.破坏生态环境

水体污染对生态环境的破坏可谓深远且广泛。一方面，污染水源中的有害物质会影响水生生物的生长、繁殖和生存。这些有害物质可能直接导致水生生物（如鱼类、藻类等）死亡。另一方面，水体污染还会导致生物多样性和生态平衡受到破坏。生态平衡是指生物与环境之间相互作用，达到的一种相对稳定的状态。水体污染会改变水环境的化学成分和物理条件，使得某些生物种群过度繁殖，而其他生物种群则可能因为生存环境被破坏而逐渐消失。长此以往，生态系统的生物多样性将大幅度减弱，生态平衡将受到严重破坏。

2.减少水资源

水体污染不仅会对生态环境造成破坏，还会使水资源的使用价值降低。受到污染的水体无法直接应用于农业、工业和日常生活，导致水质性缺水问题越发严重。水体污染加剧了水资源短缺的矛盾,给我国经济社会发展和民生保障带来了巨大压力。为了满足人们的生活用水需求,政府部门和企业必须投入更多资金来治理污染、改善水质。这无疑增加了水资源的开发和利用成本,同时也使得水资源分配更加紧张。此外,水体污染还可能导致地下水位下降。污染物质通过地下水流动,可能导致地下水中的有害物质浓度升高,使得地下水无法满足生活和生产需求。为了保障供水安全,许多地区不得不加大地下水开采力度,从而导致地下水位持续下降。地下水位下降不仅会影响生态环境,还可能引发地面沉降、土壤侵蚀等次生灾害。

3.影响人类健康

水体污染对人类健康的影响不容忽视,饮水水质的恶化是导致多种疾病的主要原因。

水体污染可能导致病原微生物,如细菌、病毒和寄生虫等滋生。这些病原体可通过污染的水源进入人体,引发各种疾病,如腹泻、伤寒、肝炎等。尤其是儿童、老年人和免疫力低下的人群,感染风险更高。

水体污染可能导致有毒物质进入人体,从而引发中毒。这些有毒物质可能来源于工业废水、农业废水和城市生活污水等。长期摄入有毒物质,可能导致慢性中毒,对人的神经系统及肝脏、肾脏等器官造成损害。孕妇接触污染水源,可能导致胎儿发育异常。水体中的有害物质,如重金属、有机化合物等,可能影响胎儿的神经系统、生殖系统和器官发育,甚至导致胎儿畸形。

水体污染中的致癌物质,如芳香胺、氯乙烯等,人类长期摄入可能增加患癌风险。国际癌症研究机构已将饮用水污染列为人类癌症风险因素之一。长期饮用含有致癌物质的水,可能导致消化系统、泌尿系统和皮肤等部位的癌症。

为减少水体污染对人类健康的影响,我国政府已采取一系列措施,包括加强水资源保护、完善水污染防治法律法规、提高污水处理能力、推动节水型社会建设等。同时,公众也应增强水环境保护意识,减少污染行为,共同维护水资源的可持续利用。在应对水体污染方面,还需加强科学研究,深入探讨污染与疾病之间的关系,为政策制定提供科学依据。此外,应加强国际合作,共同应对全球水体污染问题。通过综合措施，降低水体污染对人类健康的影响，保障人民群众的饮水安全。

4.造成社会经济损失

水体污染对社会经济的影响是全方位的，不仅会直接导致农业减产，对工业用水造成限制，还会损害旅游业的发展。

水体污染对农业生产的危害表现在以下几个方面：一是污染水源，导致农作物生长受到影响。作物在生长过程中需要吸收充足的水分和养分，而受污染的水源中可能含有有害物质，如重金属、农药等，这些有害物质进入土壤后，不仅影响作物对水分和养分的吸收，还可能导致作物体内积累有害物质，降低其品质和产量。二是污染土壤，使土壤质量下降。污染物质在土壤中积累，会导致土壤物理、化学和生物性质发生变化，进而影响作物的生长环境。三是污染大气，影响作物的光合作用。水体污染导致的空气污染，会使作物叶片上的气孔关闭，光合作用的效率降低，从而影响作物生长。

水体污染对工业用水的危害主要体现在以下几个方面：一是生产过程中，污染水源可能导致设备腐蚀、故障率增加，从而降低生产效率；二是污染水源中的有害物质可能随废水排放到环境中，加重环境污染；三是污染水源还可能导致企业被迫采用更先进的治污技术，增加生产成本；四是政府可能对污染严重的企业实行限产、停产等措施，对企业经营造成严重影响。

水体污染对旅游业的影响主要表现在以下几个方面：一是污染水域影响游客的观光体验。受污染的水体可能出现颜色、气味等方面的问题，给游客留下不好的印象，降低景区的吸引力。二是污染水源可能导致生态环境恶化，影响景区内的动植物资源。生态环境的恶化可能使景区内的动植物种群减少、生态失衡，进一步降低景区的观赏价值。三是污染水域可能导致旅游安全事故。例如，游客在受污染的水域游泳、戏水时，可能遭受病菌感染或其他健康风险。

总之，水体污染会导致农业减产、工业用水受限、旅游业受损，影响社会经济的发展。为了减少水体污染对社会经济的影响，政府、企业和公众应共同努力，加大水环境保护力度，确保水资源的安全和可持续利用。

5.增加环境治理成本

水体污染的危害表现在多个方面，其中之一是环境治理成本增加。水体污染会对生态环境造成严重破坏，治理这种污染需要投入大量资金，这无疑会加重政府和社会的环保负担。

首先，水体污染治理需要投入大量的人力物力。世界各国政府每年都需要投入巨额的资金用于水污染治理，包括污水处理、河道整治、生态修复等多个方面。各国政府投入的资金不仅用于治理已经发生的水体污染，还用于预防可能发生的水体污染。

其次，水体污染治理是一个长期的过程。水体污染并非短时间就能得到解决，而是需要经过长期的治理。这就意味着，政府和社会需要持续不断地投入资金，以确保水体污染得到有效的治理。此外，水体污染治理的效益回收周期较长。由于水体污染治理项目投资大、回收周期长，社会资本参与治理的积极性不高，这也使得各国政府承担了更大的环保负担。

最后，水体污染治理的成本还受到污染程度、污染源种类、治理技术等多种因素的影响。不同程度和类型的污染，治理的成本会有所差别。因此，要全面治理水体污染，政府和社会需要承担更高的成本。

水体污染已成为严重影响我国水环境质量的问题，对我国的环境治理造成了巨大的压力和负担。为了保护水资源，改善水环境，政府和社会需要持续投入大量资金。这也警示我们，水体污染的防治工作任重道远，需要全社会共同努力，从源头上杜绝污染，减轻环境治理负担；必须加强污染源治理，提高水资源利用效率，推广环保农业，加强城市污水处理，切实保障人民群众的生活质量和生态环境的可持续发展。

三、我国水环境的现状

我国水资源总量丰富，河川年径流量为（2.7～2.8）×$10^{12}m^3$，居世界第 6 位，但人均占有水量仅约 2 400m^3/a，居世界第 110 位，为世界人均占有水量的 1/4。而且，我国水资源时空分布极不均匀，洪涝、干旱灾害频发，可利用的水资源占天然水资源量的比重小。

我国自"九五"时期开始，就集中力量对"三河三湖"等重点流域进行综合整治。"十一五"以来，大力推进节能减排，水环境保护取得积极成效。但是，水污染严重的状况仍未得到根本性遏制，区域型、复合型、压缩型水污染日益凸显，已经成为影响水安全的最突出因素，防治形势十分严峻。

（一）地下水与地表水环境

在我国很多地区，轻工业的发展速度非常快，有的企业没有选择集中处理废水废渣，而是采用高压方式将污染物排放到地下，造成地下水的污染。更有个别企业直接将污染物排放到了当地的河流中，这不仅严重破坏了河流生物的生存环境，还对附近居民的生活用水造成了影响。另外，由于湖泊的自我净化和循环能力较差，一旦河流污水流入了湖泊，势必会造成湖泊水的污染，久而久之，湖泊就会变成一潭死水。

（二）居民用水环境

我国的居民用水安全没有得到很好的保障，主要原因包括以下三点：第一，目前自来水厂的水净化工艺只能达到去除水中杂质、降低水体浑浊度等效果，并不能根除以有机污染为主的微污染，导致居民用水的质量无法得到保障。第二，我国饮用水的微生物指标不在合理范围之内，饮用水细菌总数超过标准的人数占总调查人数的三分之一以上。第三，我国部分城市的自来水管网维护措施不到位，导致居民用水遭到二次污染。

（三）海水环境

我国内陆水环境污染是我国海水环境污染的原因之一。随着我国海上贸易的增多，我国近岸海域的海水污染现象较为明显，尤其是在城市附近和河口地区。

总之，水环境不仅提供收集、存储以及运输水资源的载体，也是水生生物赖以生存和繁衍的主要区域。虽然我国江河众多，但是人均水资源量却很少，本就分布不均的淡水资源更是屡遭破坏，如果不及时加以整治，势必会对我国人民的日常生活造成巨大的影响。因此，为了保护我国的水环境，实现经济社会的可持续发展，及时解决水污染问题刻不容缓。

第二节　水环境监测概述

一、水环境监测的含义及作用

（一）水环境监测的含义

水环境监测是监视和测定水体中污染物的种类、各类污染物的浓度及变化趋势、评价水质状况的过程。水环境监测在水环境治理、水资源保护中发挥着关键作用。如何发挥科技创新的力量，提高水环境监测工作的质量和效率，成为现阶段我国水环境保护的重大课题。

水环境监测是环境监测的重要组成部分。水环境监测以水环境为对象，运用物理、化学和生物方法，对可能影响水环境质量的代表性指标进行测定，从而确定水体的水质状况及其变化趋势，为水环境管理提供可靠的基础数据，为水污染治理效果评价提供科学依据。

（二）水环境监测的作用

水环境监测在水资源保障、水污染治理与饮用水安全方面起着至关重要的作用。

1.水资源保障方面

在水资源保障工作中，水资源的优化调度和配置等工作均需要及时了解水资源的质量状况。水资源的质量状况由水环境监测数据的分析结果来反映。科学、有效、及时的水环境监测数据分析结果可以为政府决策提供科学依据，使政府在构筑"全面节约、有效保护、优化配置、合理开发、高效利用、综合治理"的水资源保障体系过程中有据可依。

2.水污染治理方面

水环境监测是治理水污染的重要工具，通过专业的数据对比、问题分析，能够使人们充分了解水污染的源头、水污染的现状、水污染的扩张速度以及可能造成的危害，为治理水污染提供参考资料和数据信息，帮助水环境保护工作者做出正确的判断，从而设计制订合理的治理方案，最终有效解决水污染问题，减轻环境污染，保护生态环境，促进社会主义生态文明建设。此外，借助水环境监测可快速提高水污染设备的运行效率，还可为排污操作等提供参考依据，对国内水环境治理而言具有重要意义。

3.饮用水安全方面

水是生命之源，饮用水水源地的水质安全关系着广大人民群众的身体健康、生命安全和社会的和谐稳定。饮用水水源地水环境监测工作，在确保饮用水安全方面发挥着重要的作用。因此，加强饮用水水源地的水环境监测，确保广大人民群众的饮水安全和饮水质量是很有必要的。

二、水环境监测的现状

从我国水环境现状来看，我国具有庞大的人口基数，且城市化、工业化和农业现代化发展迅速，这使得水环境保护工作面临巨大压力，水环境保护形势非常严峻。水环境监测作为水环境管理的重要支撑，对于水环境保护具有重要意义。改革开放 40 多年来，通过不断的发展和研究，我国建立了一个覆盖长江（含太湖）、黄河、珠江、松花江、淮河、海河和辽河七大流域的多层级水环境监测网络，做到了对全国重点河流、湖库、地级及以上城市集中式生活饮用水水源地的监测点位全覆盖，监测技术也得到了完善和发展，监测设备不断更新换代。目前水质在线监测系统已广泛应用于重点河流、湖库及饮用水水源地的实时监测，在水环境监测工作中发挥越来越重要的作用。但是当前我国水环境监测还存在以下几个问题：

第一，监测项目不能全面反映水环境状况。水环境监测依据来自国家制定的水环境质量标准和水污染物排放标准等，标准中规定的监测项目和上下限值是水环境监测的依据。目前水环境监测一般采用常规理化指标，评价水环境质量及水污染状况，并没有将对环境和人体有极大伤害的有机类污染物作为监测重点进行常规监测，如有机物污染主要采用生化需氧量（biochemical oxygen demand, BOD）、化学需氧量（chemical oxygen demand, COD）等综合指标监测。由此导致水环境监测的结果并不能准确、全面地反映水环境的质量和污染状况。

第二，先进的监测技术、设备的应用存在滞后性。伴随着科技的快速发展，新技术、新工艺、新设备不断涌现，使得水环境监测技术面临改革。部分地区原有的水环境监测设备老旧落后，无法与现今水环境监测活动相适配。同时，受制于监测方法标准、监测技术规范更新的滞后性，目前仍无法第一时间将国内外先进的水质监测制度及技术应用于我国水环境监测工作中，这在一定程度上制约了我国水环境监测体系的更新发展。

第三，水环境监测能力有待加强。相较于发达国家，我国水环境监测工作起步较晚，水环境监测能力不足。目前，我国具备地表水环境质量标准 109 项、水质指标和地下水环境质量标准 93 项的水质指标全分析能力的实验室相对较少，而且多数实验室分布不平衡，多集中在经济发达地区，这在很大程度上制约了水环境监测的发展。此外，部分重点水质指标还没有相对应的快速、准确的监测方法，导致不能快速监测当前水质。

三、水环境监测的发展趋势

随着我国生态文明建设和生态环境保护事业的不断发展，水环境保护治理工作不断深入，水环境监测体系不断完善，水环境质量得到了持续改善。"十四五"时期，我国水环境保护将逐步向水生态环境保护转变，由以单一理化指标的水质改善为目标的水污染治理，向水资源、水生态、水环境"三水"统筹、协同治理的水生态健康恢复转变，更加注重水生态系统保护和修复。"十四五"是我国水生态环境保护事业进入新阶段的关键时期，水环境监测发展也将迎来以下三个方面的转变：

（一）由水质监测逐步向水生态监测转变

长久以来，水环境治理作为环境治理的重要内容之一，是改善水环境质量的重要手段。"十三五"以来，我国水环境治理取得了不错的成绩，尤其在水质理化指标方面的治理成效显著，整体上已经接近或者是达到中等发达国家水平，但是与中等发达国家相比还明显存在一些短板。目前，我国水生态环境遭破坏现象仍较为普遍，全国各流域水生生物多样性减少趋势尚未得到有效遏制，太湖、巢湖、滇池等重点湖泊蓝藻水华防控形势依然严峻，氮、磷浓度偏高，水生植被退化，水生态系统不平衡、不协调问题日益突出，逐步上升为制约水环境质量持续改善的主要因素。

"十四五"开始，水环境治理从单一的水质提升向水生态系统恢复转变，逐步实现包含水质、水生植物、水生动物等多种要素的系统治理和保护目标。而水环境监测作为水环境治理的重要基础和关键一环，监测范围将不断拓展，由单一水质监测向水生态监测转变，评价体系也将不断完善，由单一水质要素评价向水生态综合要素评价转变，最终实现向水生态监测的跨越。

相较于传统水环境监测，水生态监测是从水生态系统维度出发，通过水文、生物、物理及化学等多种技术手段，对水体中的各类动物、植物、微生物与环境之间的关系、生态系统结构和功能进行监测，包括常规水质监测、水生植物监测、水生动物监测、水文监测等，能够准确、全面地反映水生态健康状况，是水生态环境质量评价、水生态环境保护修复、水资源合理利用的重要依据。因此，构建水生态监测网络，逐步实现由单一水质监测向水生态环境监测转变，是"十四五"时期水环境监测的重要发展方向与任务之一。

（二）由现状监测向预警监测转变

目前，我国水环境监测工作仍以现状监测为主，主要包括水环境质量现状监测和污染源现状监测，虽基本能满足水环境质量评价的要求，但难以起到水环境预警的作用。近年来，水环境恶化的问题日益突出，水环境风险日益加剧，水环境预警监测能力薄弱问题越来越明显，不能满足当前水环境保护的需要。在水环境监测工作中，预警监测主要是通过各类自动监测监控设备，对河流和湖库等重点水体的水环境质量进行实时监控，掌握监测水体水质指标的变化情况，实现在线监测指标的超标和异常波动预警，最大限度地避免水环境问题发生。相较于传统现状监测，预警监测能够更加全面、客观、真实、系统地反映监测水体的水环境现状及动态变化规律，对可能发生的突发性水资源污染事件进行科学、合理的预判，从而做出更为及时、准确的预警。

"十四五"时期，随着先进的水环境监测技术和设备的广泛应用，我国水环境监测自动化、标准化、信息化水平不断提高，水生态环境保护工作不断深入，水环境监测也将逐步实现由现状监测向预警监测转变，以提高监测的预测预警能力，提高水环境风险防范化解能力。

（三）由传统手工地面监测向智能化和天地一体化转变

近年来，我国水环境监测不断发展，监测指标逐步由单一理化指标向生物、生态指标拓展，监测方式逐步由以手工监测为主向以自动监测为主转变，并且卫星遥感、人工智能、大数据、物联网等现代信息技术的引入也为水环境监测领域的创新提供了新的思路。

水质自动监测技术的应用，基本实现了水温、电导率、pH 值、溶解氧、浊度等理化指标及化学需氧量、总磷、总氮、氨氮、生化需氧量等常规水质指标的自动监测，使得水环境监测更加自动化；基于无人机、无人船技术的水质监测采样仪的引入，替代了传统人工取样方式，使得水环境监测更加智能化；卫星遥感监测技术的应用，可以实现水环境监测采样阶段的快速定位、精准跟踪，使得水环境监测更加高效；人工智能、大数据分析技术的应用，融合物联网平台等、利用卫星遥感反演模型，实现了水体透明度监测、黑臭水体监测、水域覆盖遥感监测，使得水环境监测更加全面。伴随着卫星遥感、人工智能、大数据、物联网等现代信息技术在水环境监测领域的不断应用，"十四五"时期，我国将基本实现"自动监测为主、手工监测为辅"的水环境监测体系的构建，水环境监测也将更加自动化、标准化和信息化。在此环境下，水环境监测将由传统手工地面监测逐步向智能化和天地一体化转变，以此推动智能化和天地一体化的水环境监测网络的构建，为水环境保护提供强有力的大数据支撑。

水环境监测工作是水环境保护的重要组成部分和关键前提，关系到国家的长远发展、经济社会的进步以及广大市民的健康。因此，我们需要重视水环境监测工作，不断创新水环境监测相关技术，加大新技术、新方法的应用力度，确保水环境监测的质量和效率，为科学治理水环境、合理利用水资源提供科学依据。

第二章　水环境监测项目

第一节　水环境物理指标监测

一、水环境物理指标的内容

（一）温度

温度是水环境物理指标中较为重要的一项，对于水生生物的生长、繁殖、代谢和分布具有直接影响。水温的适宜范围因水生生物的种类而异，一般来说，温水性生物适应的水温范围较广，而冷水性生物对水温的要求较高。水温的变化还会影响水体的溶解氧含量、水质状况和微生物的生长。在我国，水温的时空分布特征明显，南方水温较高，北方水温较低且季节性变化较大。

（二）盐度

盐度是描述水体中溶解盐类浓度的物理指标，对于水生生物的生存和水质状况具有重要影响。水体盐度主要来源于海水、地下水、土壤盐分和人类活动（如工农业生产和城市污水排放）。在我国，沿海地区水体的盐度较高，内陆地区水体的盐度较低。水体盐度的高低直接影响水生生物的适应性和生存能力，同时对水体的自净能力和水质状况产生影响。高盐度水体易产生富营养化现象，导致水质恶化。

（三）浊度

浊度是反映水体中悬浮颗粒物含量的一个物理指标，悬浮颗粒物主要来源于土壤侵蚀、河流携带、农业活动和城市污水排放等。水体浊度的高低直接影响水体的透明度、光照条件和水中生物的生存环境。高浊度水体容易导致水体富营养化、藻类过度繁殖和水华现象，严重影响水质和生态环境。降低水体浊度是改善水质、保护水生态环境的重要措施之一。

（四）颜色

在水环境物理指标中，颜色是一个重要的参数，它可以反映水体的水质状况和生物群落特征。颜色的变化通常与水体的污染程度、溶解氧含量、悬浮物、藻类生长状况等因素密切相关，其可以作为水体污染程度的一个指标。通常情况下，清洁水源的颜色较淡，而污染水源的颜色较深。这是因为污染水源中的有机物质、营养物质等会导致水体中的生物降解，从而使水体颜色加深。此外，某些特定污染物质，如石油、染料等，也会直接改变水体的颜色。溶解氧是水生生物生存的关键因素，其含量与水体颜色有密切关系。溶解氧含量较低的水体，由于有机物质降解过程较慢，颜色往往较深。而溶解氧含量较高的水体，颜色较浅，表明水体具有较强的自净能力。悬浮物是水体中不溶解或难溶解的固体物质，其含量与水体颜色有一定关系。悬浮物含量较高的水体，由于颗粒物的散射作用，水体颜色较深。此外，悬浮物中的有机物质也是引起水体颜色变化的重要因素。

（五）透明度

透明度是反映水体清澈程度的一个重要物理指标，它受到水体中的悬浮物、浮游植物、溶解氧、营养物质等多种因素的影响。其中，悬浮物是影响水体透明度的主要因素。悬浮物含量较低的水体，透明度较高；悬浮物含量较高的水体，透明度较低。这是因为悬浮物颗粒对光线产生散射作用，降低了水体的透明度。浮游植物的生长状况对水体透明度也有重要影响。在浮游植物生长旺盛的季节，水体中的叶绿素 a 含量增加，导致水体透明度降低。浮游植物过度繁殖会导致水体富营养化，进一步降低水体透明度。溶解氧是水生生物生存的关键因素，其含量与水体透明度密切相关。溶解氧含量较高的水体，透明度较高；溶解氧含量较低的水体，透明度较低。这是因为在溶解氧含量较低时，水体中的有机物质降解过程较慢，导致水体浑浊。

（六）压力

压力是水环境物理指标中的一个重要参数，对于水生生物和水质状况都有着重要的影响。在水环境中，压力主要包括大气压力和水压。大气压力对水环境的影响主要体现为水面上的大气压力变化会直接影响水面下的水压。大气压力的变化会对水质、水生生物的生长和繁殖等方面产生影响。例如，当大气压力降低时，水面下的水压也会相应降低，可能导致水中的溶解氧含量下降，从而影响水生生物的生存状态。水压是水环境中的另一个重要压力指标。水压的大小与水深有关，水越深，水压就越大。水压对于水生生物的生活习性和生存环境有着重要影响，水压的变化会影响水生生物的呼吸、生长和繁殖等方面。此外，水压的变化还会影响水体的流动状态，进一步影响水环境中的物质交换和能量传递。

（七）电导率

电导率是衡量水溶液导电能力的一项物理指标，它与水中的溶解物质含量、离子浓度等因素密切相关。电导率在水环境监测和评价中具有重要作用。通过测量电导率，可以了解水体中溶解物质的种类和含量，从而对水质状况进行评估。电导率还可以反映水体的污染程度。当水体受到污染时，其中的溶解物质含量会增加，电导率也会相应提高。电导率在水生生物生长过程中发挥着重要作用。水生生物的生存和生长需要一定的离子浓度，而电导率正是反映水中离子浓度的一个重要指标。因此，电导率的变化会直接影响水生生物的生存状态和生态平衡。

（八）声学特性

声学特性是水环境物理指标中的另一个重要方面，它主要包括水中的声速、声衰减和声反射等。声速是水中声音传播的速度，它与水的温度、盐度和压力等因素有关。声速在水环境监测和研究中具有重要意义，因为它可以反映水体的物理性质和水生生物的活动状况。声衰减是水中声音在传播过程中能量损失的现象，它与水中溶解物质、悬浮物和生物组织等因素有关。声衰减会影响水中声音的传播距离和清晰度，进而影响水生生物的捕食等活动。声反射是水中声音遇到界面时发生反射的现象。声反射对于水生生物的生存和繁殖具有重要意义，因为它可以影响水生生物的听觉感知和空间定位能力。此外，声反射还可以用于水下地形测绘、水下目标监测等。

二、水环境物理指标监测方法

（一）温度监测

1.温度传感器的工作原理与应用

温度传感器是水环境物理指标监测中至关重要的一种设备，其主要作用是实时测量水体的温度，为水环境保护和水资源管理提供科学依据。温度传感器按照工作原理主要分为热电效应温度传感器、热敏效应温度传感器和电阻温度传感器，下面将简单介绍这三类温度传感器的工作原理及其应用。

（1）热电效应温度传感器

热电效应温度传感器是利用热电偶原理进行温度测量的温度传感器。热电偶是由两种不同材料的导线组成的，当两种材料之间的温差发生变化时，会产生热电势差。通过对热电势差的测量，可以获得水体的温度信息。热电效应温度传感器应用于各种领域，如气象、水文、环保等。

（2）热敏效应温度传感器

热敏效应温度传感器是利用材料的热敏特性进行温度测量的温度传感器。常见的热敏电阻材料有铂、镍等。当水体温度发生变化时，热敏电阻的电阻值会相应发生变化。通过对电阻值的测量，可以获得水体的温度信息。热敏效应温度传感器具有响应速度快、线性度好、精度高等优点，广泛应用于水环境监测领域。

（3）电阻温度传感器

电阻温度传感器是利用材料电阻随温度变化的特性进行温度测量的温度传感器。常见的电阻温度传感器材料有铜、铁等。当水体温度发生变化时，传感器材料的电阻值会发生相应的变化。通过对电阻值的测量，可以获得水体的温度信息。电阻温度传感器具有较高的精度和较强的稳定性，适用于各种温度测量场景。

2.温度测量的误差与校正

在温度测量过程中，由于各种因素的影响，如传感器自身性能、安装位置、环境温度等，会导致测量结果存在一定的误差。为了增强温度测量的准确性和可靠性，需要对温度测量误差进行校正。常用的温度校正方法有以下几种：

（1）线性校正法

线性校正法是根据传感器的输出信号与实际温度之间的线性关系进行校正的方法。通过对传感器输出的测量数据进行线性拟合，可以得到校正系数，从而增强温度测量的准确性。

（2）多项式校正法

多项式校正法是根据传感器的输出信号与实际温度之间的多项式关系进行校正的方法。通过对传感器输出的测量数据进行多项式拟合，可以得到校正系数，从而增强温度测量的准确性。

（3）最小二乘法

最小二乘法是一种基于最小化误差的优化方法，以误差的平方和最小为准则来估计非线性静态模型参数，从而得到校正系数。最小二乘法适用于具有较好线性关系的温度测量系统。

（4）经验公式法

经验公式法是根据由大量实测数据总结出的校正公式进行温度校正的方法。通过对实测数据的分析，可以得到校正公式中的参数，从而增强温度测量的准确性。

温度监测在水环境物理指标监测中具有重要意义。通过对各类温度传感器的工作原理和应用进行了解，可以确保水体温度测量的准确性。同时，针对温度测量误差进行校正，有助于增强水环境监测数据的可靠性，为水环境保护和水资源管理提供更精确的依据。

（二）盐度监测

盐度是水环境物理指标监测的重要内容之一，它直接影响着水生生物的生长和水体的生态环境。盐度的监测方法主要有电导率法和折射率法。

1.电导率法

电导率法是一种应用广泛的盐度监测方法，原理是利用电解质溶液的电导率与溶液浓度之间的关系来推算盐度。电解质溶液的电导率与其离子浓度成正比，而离子浓度又与盐度密切相关。因此，通过测量水样的电导率，可以间接获得水样的盐度。电导率法监测盐度的优点是操作简便、实时性强、精度较高。但需要注意的是，电导率法会受到水样中其他物质（如有机物、颗粒物等）的干扰，需要在实际应用中进行校正。

2.折射率法

折射率法是另一种常用的盐度监测方法。折射率是光在真空中的传播速度与光在某种介质中的传播速度的比值，而盐度不同的水体，其折射率也会有所不同。通过测量水样的折射率，可以间接获得水样的盐度。折射率法监测盐度的优点是精度高、抗干扰能力强；缺点是设备较为复杂，监测成本较高，不适合实时监测。

在实际应用中，可以根据监测需求和实际情况选择合适的盐度监测方法。

（三）浊度监测

1.浊度计的工作原理与使用方法

浊度计是一种用于测量水体中悬浮颗粒物浓度的仪器，它通过测量光线在水中传播过程中的散射程度来判断水体的浊度。浊度计的工作原理主要基于比尔定律，即光线的散射强度与颗粒物浓度成正比。

使用浊度计时，首先需要将待测水样倒入浊度计的样品池中，然后通过调节光源的位置，使光线垂直射入水样。光线在通过水样时，会与水中的悬浮颗粒物发生散射。散射光线的强度与颗粒物的浓度成正比，因此可以通过测量散射光线的强度来计算水体的浊度。

2.浊度标准物质与校准

为了保证浊度计测量的准确性，需要定期对浊度计进行校准。在校准过程中，需要使用浊度标准物质。浊度标准物质是一种已知浊度的标准溶液，其浊度值具有一定的稳定性。通过将浊度标准物质与待测水样进行比较，可以确定待测水样的浊度。

（四）颜色与透明度监测

1.分光光度法在颜色监测中的应用

分光光度法是一种常用的颜色监测方法，它通过测量水体吸收光的程度来判断水的颜色。水的颜色与吸收光的波长有关，通过分析吸收光谱，可以确定水体的颜色。

2.透明度计的使用与校准

透明度计是一种用于测量水体透明度的仪器，它通过测量光线在水中传播的距离来判断水的透明度。透明度计的使用方法相对简单，只需将待测水样倒入透明度计的样品池中，然后读取透明度计显示的数值即可。为了保证透明度计测量的准确性，需要定期对其进行校准。在校准过程中，需使用透明度标准物质。透明度标准物质是一种已知透明度的标准溶液，其透明度值具有一定的稳定性。通过将透明度标准物质与待测水样进行比较，可以确定待测水样的透明度。

（五）压力监测

1.压力传感器的原理与应用

压力传感器是一种将压力信号转换为可处理的电信号的设备，它通常采用电容式、电阻式、压电式等传感器技术。压力传感器在水环境监测中的应用主要包括：水域环境监测、水下设施安全监测、水文气象监测等。例如，在水域环境监测中，压力传感器可以实时测量水体的压力变化，从而反映水体的深度变化，进一步分析水体的流动状态和水质状况。在水下设施安全监测中，压力传感器可以用于监测水下结构的受力情况，以确保水下设施的安全运行。在水文气象监测中，压力传感器可以测量大气压力的变化，为天气预报和气象研究提供数据支持。

2.压力测量的误差来源与校正方法

压力测量的误差主要来源于传感器自身的性能、安装方式、环境因素等。为提高测量精度，需要对压力测量结果进行校正，校正方法主要包括零点校正、线性校正、温度补偿校正等。零点校正是针对传感器零点漂移进行的校正，可以消除传感器自身的非线性误差。线性校正是针对传感器输出信号的线性度进行的校正，可以增强测量结果的准确性。温度补偿校正是针对温度对压力测量结果的影响进行的校正，可以消除温度变化带来的测量误差。

（六）声学特性监测

1.水下声波传播特性与监测技术

水下声波传播特性是指声波在水下环境中的传播规律和影响因素。水下声波传播特性监测技术主要应用于水下目标检测、水下通信和水中噪声监测等领域，监测方法包括声波传播速度测量、声强测量、声束特性测量等。例如，声波传播速度测量技术可以用于分析水下目标的距离和深度，为水下目标监测提供数据支持。声强测量技术可以用于评估水下噪声污染程度，为噪声治理提供依据。声束特性测量技术可以用于优化水下通信系统的性能，提高通信质量。

2.水声换能器的工作原理与选择

水声换能器是一种将其他形式的能量转换为声能，向水中辐射，或将接收到的水声信号转换为其他能量形式的信号的换能器。水声换能器的工作原理主要包括压电效应、电磁感应、热效应等。根据换能原理和应用场景的不同，水声换能器可分为超声波换能器、电磁换能器、热声换能器等。在选择水声换能器时，需要考虑以下因素：换能器的灵敏度、频率响应、指向性、抗干扰能力等。应根据实际应用需求，选择合适的换能器类型和性能参数，以实现良好的监测效果。

第二节　水环境化学指标监测

一、水环境化学指标的内容

（一）溶解氧

溶解氧是指溶解在水中的氧气含量，它是水生生物生存的关键因素。溶解氧含量的高低反映了水体的自净能力以及水生生物的生长状况。水体中的溶解氧主要来源于大气以及水生植物。溶解氧含量受到水温、水流量、水体中的生物化学需氧量和化学需氧量等因素的影响。高溶解氧含量有利于水生生物的生长，表明水体较为清洁。然而，当溶解氧含量过低时，水生生物会受到影响，甚至导致水体富营养化。因此，对溶解氧进行监测和分析是评估水体质量的重要手段。

（二）pH 值

pH 值是衡量水体酸碱度的指标，它对水生生物的生长和水体的化学反应具有重要影响。天然水的 pH 值一般为 7.2～8.5。当水体受到酸性或碱性废水污染时，pH 值会发生明显变化。pH 值的变化会影响水体中的溶解氧、氨氮、磷酸盐等化学物质的存在形式和浓度，从而影响水生生物的生长和水质状况。因此，对 pH 值进行监测和分析有助于评估水体的污染程度和生态环境状况。

（三）总氮

总氮是水中氮元素的总和，包括有机氮和无机氮。总氮是水体营养水平的重要指标，过高或过低的总氮含量都会对水生生物和生态环境造成影响。水体中的总氮主要来源于土壤、废水排放和大气沉降等。总氮含量过高会导致水体富营养化，促使藻类过度繁殖，从而影响水体的透明度和溶解氧含量。此外，总氮含量过高还可能导致水体中氨氮、硝酸盐氮等的浓度增加，进一步影响水质。

（四）氨氮

氨氮是指水中存在的氨和铵的总和。氨氮是水环境中一个重要的污染指标，对水生生物和人类健康具有显著的影响。氨氮主要来源于工业废水、农业排放、生活污水等。其中，工业废水中的氨氮主要来源于化工、制药、食品加工等行业；农业排放主要包括农田施肥和家畜养殖业废水；生活污水中的氨氮主要来源于人类排泄物和家庭清洁用品。氨氮过高会导致水体富营养化，促使藻类过度繁殖，从而引发水华、赤潮等现象，危及水生生物生存。氨氮可直接影响水生生物的生理功能，如干扰鱼、虾等水生生物的呼吸作用，导致其死亡。氨氮可造成水生生物的神经系统及肝脏、肾脏等器官损伤，影响其生长和繁殖。

（五）有毒有害物质

有毒有害物质是指对生物体具有毒性、危害人体健康或对环境产生不良影响的化学物质。这些物质可通过水、空气、土壤等环境介质传播，对生态系统和人类健康造成严重影响。有毒有害物质主要来源于工业污染物、农业污染物、生活污染物和天然源等。工业污染物主要包括化工、制药、石油、冶金等行业排放的废水、废气和固体废物；农业污染物主要来源于农药、化肥的使用和家畜养殖业废水的排放；生活污染物主要是指城市生活污水、垃圾和废弃物等；天然源有毒有害物质主要包括土壤中的天然有毒物质和火山喷发等自然现象产生的有毒气体。有毒有害物质可根据化学性质、毒性、危害程度等分为有机有毒物质、无机有毒物质、生物毒素和放射性物质等。

二、水环境化学指标监测方法

（一）溶解氧监测

1.溶解氧电极的工作原理与应用

溶解氧电极是一种用于测定水体中溶解氧浓度的装置，它基于电化学反应，通过测量氧气的还原电流来确定水体中的溶解氧含量。溶解氧电极主要由阴极、阳极和参比电极组成，当氧气扩散到电极表面时，发生还原反应，产生电流。电流的大小与溶解氧浓度成正比，通过测量电流大小可以推算出溶解氧的含量。溶解氧电极在环保、水文、农业等领域具有广泛的应用，能够实时、准确地监测水体中的溶解氧变化，为水环境治理和水质监测提供重要依据。

2.溶解氧的测定方法与误差分析

溶解氧的测定方法主要有碘量法、膜电极法、荧光法等。其中，碘量法是经典的方法，但其操作过程较为复杂，耗时较长。膜电极法和荧光法具有快速、简便、灵敏等优点，但仪器设备相对较贵。在溶解氧的测定过程中，误差主要来源于样品采集、储存和分析等三个环节。为减小误差，应采取以下措施：确保样品在采集过程中不受外界氧气的影响；储存时避免氧气的逸散；分析时严格控制实验条件，如温度、光照等；选用精度高、稳定性好的仪器设备。

（二）pH 值监测

1.pH 电极的工作原理与应用

pH 电极是一种用于测量水体酸碱度的装置，它基于电化学反应，通过测量氢离子的活度来确定水体的 pH 值。pH 电极主要由玻璃电极、不锈钢电极和参比电极组成。玻璃电极对氢离子敏感，当氢离子浓度发生变化时，玻璃电极会产生电位变化。通过测量电位差，可以得到水体的 pH 值。pH 电极在环保、水文、农业、医药等领域具有广泛的应用，能够实时、准确地监测水体的酸碱度变化，为水环境治理和水质监测提供重要依据。

2.pH 值测量的校准与误差来源

pH 值测量的校准方法主要有两种：一种是用标准缓冲溶液进行校准，另一种是用参比电极进行校准。校准的目的是确保 pH 电极的测量精度，消除系统误差。pH 值测量的误差主要来源于电极的响应速度、电极的稳定性、电极的安装和维护、样品的影响等因素。为减小误差，应定期进行电极的清洗和校准，确保电极的完好状态；同时，应选用精度高、稳定性好的 pH 电极，并注意样品的处理和储存。

（三）总氮监测

总氮是衡量水体中有机污染物的重要指标，高含量会污染水体，影响水体生态系统的健康。总氮监测方法主要有氧化法和还原法两种。

1.氧化法

氧化法是基于化学反应原理，将水中的总氮转化为可测量的信号的一种方法。该方法中，在对样品进行处理后，加入氧化剂，将有机氮转化为硝酸盐氮。然后，通过滴定法或比色法测定硝酸盐氮的含量，从而计算出总氮的浓度。氧化法的优点是操作简便、准确度高，缺点是测定过程可能会受到氧气、温度等因素的影响。

2.还原法

还原法是通过还原剂将水中的硝酸盐氮还原为氮气，然后测定氮气含量的一种方法。该方法中，常用的还原剂有硫酸亚铁、亚硫酸钠等。还原法的优点是抗干扰能力强，不受氧气、温度等因素的影响；缺点是操作较为复杂，对实验条件要求较高。

（四）氨氮监测

氨氮是水体中对生物生长有害的物质之一，其含量过高会引起水体富营养化现象，造成水质恶化。氨氮的监测方法主要有纳氏试剂法和苯酚-次氯酸盐法。

1.纳氏试剂法测定氨氮

纳氏试剂法是一种常用的氨氮测定方法，其原理是让氨氮与纳氏试剂反应，生成橙色化合物，通过比色法测定橙色化合物的含量，从而计算出氨氮的浓度。纳氏试剂法具有操作简便、准确度高等优点；缺点是灵敏度较低，适用于氨氮浓度较高的水体。

2.苯酚-次氯酸盐法测定氨氮

苯酚-次氯酸盐法是一种灵敏度较高的氨氮测定方法，其原理是让氨氮与苯酚-次氯酸盐反应，生成蓝色化合物，通过比色法测定蓝色化合物的含量，从而计算出氨氮的浓度。苯酚-次氯酸盐法具有灵敏度高、抗干扰能力强等优点，缺点是操作较为复杂。

（五）有毒有害物质监测

1.气相色谱-质谱法在有毒有害物质监测中的应用

气相色谱-质谱法（gas chromatography-mass spectrometry, GC-MS）是一种常用的有毒有害物质监测方法。该方法具有高灵敏度、高分辨率、广谱性和定量准确性等优点，可以对多种有毒有害物质进行快速、准确的监测。在实际应用中，GC-MS 已被用于监测水中的有机氯农药、多环芳烃、挥发性有机化合物等有毒有害物质。GC-MS 监测有毒有害物质的主要步骤包括样品采集、预处理、色谱分析和质谱检测。样品采集后，需要进行适当的预处理，如溶剂萃取、固相萃取等，以去除干扰物质，增强分析结果的准确性。在色谱分析过程中，通过调整色谱柱温度、载气流量等参数，实现对有毒有害物质的分离和监测。质谱检测器则用于检测样品中的有机物，并对其进行定性和定量分析。

2.高效液相色谱法在有毒有害物质监测中的应用

高效液相色谱法（high performance liquid chromatography, HPLC）是另一种广泛应用于有毒有害物质监测的方法。HPLC 具有较高的分离效率、灵敏度和较强的定量准确性，适用于监测水中的有毒有害物质，如重金属、合成洗涤剂、药物残留等。HPLC 监测有毒有害物质的主要步骤包括样品采集、预处理、液相色谱分析和紫外检测。在样品采集和预处理方面，与 GC-MS 类似，需要进行适当的样品处理，如沉淀、萃取、离子交换等，以去除干扰物质。在液相色谱分析过程中，应根据有毒有害物质的性质，选择合适的色谱柱、流动相和梯度洗脱条件，以实现对有毒有害物质的分离和监测。紫外检测器则用于检测样品中的有机物，并对其进行定性和定量分析。

第三节　水环境生物指标监测

一、水环境生物指标的内容

（一）浮游生物

浮游生物在水环境中起着至关重要的作用，包括浮游植物和浮游动物两大类。浮游植物主要包括蓝藻、隐藻、甲藻、金藻、黄藻、硅藻、裸藻和绿藻等。这些植物是水体初级生产者，为鱼类提供天然饵料，同时也是水体溶氧的主要制造者。当部分浮游植物如蓝藻过量繁殖时，水质会恶化，引发鱼类死亡。浮游动物则包括原生动物、轮虫、腔肠动物、甲壳动物、腹足动物等。它们在水体中分解有机物，摄食浮游植物，维持水生态平衡。同时，浮游动物也是鱼类的重要饵料。当浮游动物过量繁殖时，它们会消耗大量氧气，降低水体溶氧量，影响鱼类生存。

（二）鱼类

鱼类是水环境中的重要生物指标，它们对水环境的变化敏感。鱼类的生长、繁殖和存活状况受到水温、水质、溶解氧、食物等因素的影响。通过鱼类的种群数量、生长状况、疾病发生率等指标，可以评估水环境的健康状况。在水环境监测中，鱼类生理指标如血液指标、组织指标等也可以用于评价水质污染程度。例如，鱼类肝脏和肾脏的病理变化、鱼体内重金属含量等，都可以反映水体污染状况。此外，鱼类种群的结构变化，如优势种的变化，也可以反映水环境的变化。

（三）底栖动物

底栖动物是水生生物群落的重要组成部分，它们生活在水底的泥沙、岩石等环境中。底栖动物包括软体动物、甲壳动物、环节动物、棘皮动物等，它们在水环境中具有分解有机物、促进物质循环、稳定底质等作用。底栖动物的生存状况受到水环境因素、底质类型、水质状况等多种因素的影响。通过监测底栖动物的物种多样性、生物量等指标，可以评估水环境的健康状况。此外，底栖动物的分布和数量也可以反映水体的污染程度。

（四）水生植物

水生植物是水环境的重要组成部分，它们生长在水中或水边。水生植物包括挺水植物、浮水植物、沉水植物等，这些植物为鱼类提供遮蔽、产卵场所，同时也是水生动物的饵料来源。水生植物的生长状况受到水环境因素、水质、底质等多种因素的影响。通过监测水生植物的物种多样性、生物量等指标，可以评估水环境的健康状况。此外，水生植物的分布和数量也可以反映水体的污染程度。

浮游生物、鱼类、底栖动物和水生植物在水环境监测中具有重要作用。通过对这些生物指标进行观察和分析，可以更好地了解水环境的健康状况，为水环境保护提供科学依据。

二、水环境生物指标监测方法

（一）浮游生物监测

1.浮游生物采样方法与设备选择

浮游生物监测是水环境生物指标监测的重要组成部分，其采样方法与设备选择对于监测结果的准确性和可靠性至关重要。常用的浮游生物采样方法包括传统的显微镜计数法和现代的自动监测法。传统的显微镜计数法通过对水样中的浮游生物进行显微镜观察和计数，能够较为准确地获取浮游生物的数量。采样时，通常使用定性滤膜或浮游生物网采集水样，然后将样品放置在显微镜下进行观察和计数。然而，这种方法耗时较长，且操作烦琐，不适合长期连续监测。随着科技的发展，自动监测法逐渐应用于浮游生物监测。这种方法通过使用专门的浮游生物监测设备，如荧光显微镜、激光雷达等，实现对浮游生物的实时监测。自动监测法具有高效、准确、易于操作等优点，适合长期连续监测。

2.浮游生物种类鉴定与计数

在对浮游生物进行监测后，需要对采集到的样本进行种类鉴定与计数。种类鉴定主要依据浮游生物的形态特征、生活习性等，常用的方法有形态学观察、分子生物学手段等。计数方法则包括显微镜直接计数、图像分析计数等。形态学观察是指通过观察浮游生物的形态特征，如外形、颜色、纹理等，对其进行分类和鉴定。这种方法直观且易于操作，但鉴定结果可能受到观察者经验的影响。分子生物学手段是指通过提取浮游生物的脱氧核糖核酸（deoxyribonucleic acid, DNA），进行聚合酶链式反应扩增和序列分析，从而实现对浮游生物种类的鉴定。该方法准确度高，但操作复杂，对实验设备和技术要求较高。图像分析计数是指通过对浮游生物显微图像的分析，实现自动计数。常用的图像分析软件有 ImageJ、Moticam 等。图像分析计数法准确度高，且易于实现自动化，但需要对图像处理技术有一定了解。

3.浮游生物生长、繁殖与死亡的监测

浮游生物的生长、繁殖与死亡是水环境生物循环的重要组成部分，对其进行监测有助于了解水环境的生态状况。监测方法主要包括生物学模型法、生物量测定法和生态学观察法。生物学模型法是指通过建立生物学模型，模拟浮游生物的生长、繁殖和死亡过程的一种方法。模型参数可根据实验数据进行优化，以预测水环境中浮游生物的数量变化。生物量测定法是指通过测定水样中浮游生物的生物量，了解其生长、繁殖和死亡状况的一种方法。常用的生物量测定法有 COD 测定、叶绿素 a 测定等。生态学观察法是指通过实地观察和水样分析，了解浮游生物的生长、繁殖和死亡现象的一种方法。生态学观察法直观且易于操作，但受观察者经验和采样时间的影响。

总之，浮游生物监测是水环境生物指标监测的重要内容。通过监测，可以深入了解水环境中浮游生物的生态特征，为水环境保护和治理提供科学依据。在实际应用中，应根据监测目的和条件选择合适的监测方法，并注重监测数据的准确性和可靠性。

（二）鱼类监测

1.鱼类种群调查

鱼类种群调查是评估水环境健康状况的重要手段，常用的调查方法包括以下几种：

（1）渔获物调查法

渔获物调查法是指通过捕捞一定区域内的鱼类，并对捕获的鱼类进行种

类、数量、体重等指标的统计和分析的一种方法。通过对比不同时间、地点的渔获物组成和数量，可以评估鱼类种群的变化和水环境健康状况。

（2）潜水调查法

潜水调查法是指潜水员在水下进行直接观察和采集鱼类样本的一种方法。潜水员可以使用渔网、捕鱼器等工具，对特定区域内的鱼类进行捕捞和统计。潜水调查法适用于浅水水域和清澈的水体，能够较为准确地反映鱼类种群状况。

（3）视听监测法

视听监测法是指利用水下摄像、声呐等技术，对鱼类种群进行实时监测的一种方法。这种方法可以避免人为干扰，减少捕捞过程中的损耗，同时能够对较大范围的水域进行监测。但视听监测法受水体浑浊度、光线等因素影响较大，数据处理和分析较为复杂。

（4）远程遥感技术监测法

远程遥感技术监测法是指通过卫星、无人机等载体，对大面积水域进行实时监测的一种方法。远程遥感技术可以快速获取水体的颜色、温度、溶解氧等参数，结合鱼类分布和活动规律，评估鱼类种群状况。此外，远程遥感技术监测法还可以用于监测水体的动态变化，为鱼类资源管理提供科学依据。

2.鱼类生长、繁殖与迁移的监测

鱼类生长、繁殖与迁移的监测对于评估水环境质量具有重要意义。

（1）鱼类生长监测

鱼类生长监测是指通过对鱼体的长度、体重等指标进行定期测量，了解鱼类生长状况。监测方法包括现场采样、实验室测量和遥感技术监测等。鱼类生长监测有助于评估鱼类资源的可持续性和水环境对鱼类生长的适宜性。通过对鱼类生长曲线的分析，可以了解鱼类生长速度、生长周期等生物学特性，为鱼类资源管理和水环境保护提供科学依据。

（2）鱼类繁殖监测

鱼类繁殖监测主要关注鱼类的繁殖期、繁殖频率、繁殖成功率等指标。监测方法包括现场观察、实验室分析和遥感技术监测等。鱼类繁殖监测有助于评估鱼类种群的繁殖能力、繁殖环境适宜性以及水环境对鱼类繁殖的影响。通过对鱼类繁殖状况的监测，可以为鱼类资源保护和繁殖环境管理提供数据支持。

（3）鱼类迁移监测

鱼类迁移监测主要关注鱼类的迁移路径、迁移速度和迁移频率等指标。监测方法包括无线电遥测、标志重捕法、现场观察等。鱼类迁移监测有助于了解鱼类的生态习性、生活史和种群结构，以及评估水环境对鱼类迁移的影响。对鱼类迁移状况的监测，可以为鱼类资源管理和水环境保护提供科学依据。

鱼类生长、繁殖与迁移的监测对于了解鱼类资源状况、评估水环境质量以及制定相应的保护措施具有重要意义。

3.鱼类生理指标的测定与分析

鱼类生理指标的测定与分析有助于评估鱼类健康状况和水环境质量。常用的鱼类生理指标测定与分析的方法包括：

（1）血液生理指标测定

血液生理指标是评估鱼类健康状况的重要参数，常用的指标包括白细胞计数、红细胞计数、血小板计数、血糖浓度、乳酸脱氢酶活性等。通过对这些指标的测定，可以了解鱼类的生理状态，判断其是否受到污染物的危害。

（2）生化指标测定

生化指标是反映鱼类生理功能和代谢状况的重要参数，常用的生化指标包括蛋白质、脂肪、糖类、氨基酸、电解质等。通过对这些指标的测定，可以评估鱼类的营养状况和生理功能是否正常。

（3）组织病理学观察

组织病理学观察是指通过显微镜对鱼类组织切片进行观察，观察其细胞结构和组织形态，从而判断鱼类的健康状况。常用的组织切片包括肝脏、肾脏、鳃、肌肉等。通过对这些组织的检查，可以发现鱼类是否存在炎症、肿瘤、细胞死亡等病理变化，从而推断水环境是否受到污染物的影响。

（4）基因表达分析

基因表达分析是指通过检测特定基因在鱼类体内的表达水平，了解鱼类对环境污染的生理响应。通过基因表达分析，可以发现鱼类体内关键基因的表达差异，从而推断鱼类是否受到污染物的影响，以及污染物的毒性作用程度。

鱼类监测方法在水环境生物指标监测中具有重要意义。通过综合运用鱼类种群调查，生长、繁殖与迁移监测，以及生理指标测定与分析等方法，可以全面评估水环境质量，为水环境保护和治理提供科学依据。

（三）底栖动物监测

底栖动物监测是水环境生物指标监测的重要部分，通过对底栖动物的种类、数量、生境选择与评估以及与水环境关系的研究，可以评估水环境的质量。底栖动物是水生态系统的重要组成部分，它们对水环境的污染程度和生态状况敏感。因此，底栖动物监测在水环境监测中具有重要的意义。

1.底栖动物种类鉴定与计数

底栖动物种类鉴定是底栖动物监测的基础工作，通常根据形态学特征、生物学特征，或运用分子生物学方法等进行鉴定。在我国，常用的底栖动物分类系统包括环节动物门、软体动物门、节肢动物门、扁形动物门等。底栖动物计数是指先采集样本，然后通过显微镜观察、分类和计数，推算出底栖动物的密度和多样性指数。

2.底栖动物生境选择与评估

底栖动物会根据其生活习性和适应性，选择特定的生境栖息。通过对底栖动物栖息地的研究，可以了解水环境的适宜程度。生境评估是对底栖动物生存环境的评价，包括水质、底质、溶解氧、pH值等环境因子。通过生境评估，可以进一步了解水环境对底栖动物的影响。

3.底栖动物与水环境关系的分析

底栖动物与水环境关系的分析是监测水环境质量的关键环节。底栖动物作为水生态系统中的消费者和生产者，其数量和种类与水环境质量密切相关。通过对底栖动物与水环境关系的研究，可以揭示水环境污染对底栖动物的影响。分析方法包括相关性分析、回归分析等。

底栖动物监测在水环境监测中具有重要意义。通过对底栖动物种类鉴定与计数、生境选择与评估以及与水环境关系的分析，可以为水环境质量管理提供科学依据。同时，底栖动物监测也有助于评估水生态系统的健康状况，为水环境保护和修复工作提供指导。

（四）水生植物监测

1.水生植物种群调查与评估

水生植物种群调查与评估是水环境生物监测的重要环节。通过对水生植物种群的调查和评估，可以了解水生植物的种类、数量、分布以及生长状况，从而为水环境治理和保护提供科学依据。水生植物种群调查方法主要包括样方调查、浮游植物调查和底栖植物调查等。在调查过程中，需对植物的种类、数量、高度、覆盖度等指标进行记录和分析。

2.水生植物生长状况监测

水生植物生长状况监测主要包括生物量、生长速度、叶面积指数等方面的监测。生物量是衡量水生植物生产力的重要指标，可以通过收割法、湿重法、干重法等方法进行测定。生长速度是反映水生植物生长状况的实时指标，可通过定期测量植物的高度、叶面积等参数计算植物的生长速度。叶面积指数是植物光合作用的重要参数，是指单位土地面积上植物叶片总面积占土地面积的倍数，它可以反映植物对光照的利用效率。

3.水生植物与水环境关系的分析

水生植物与水环境的关系密切，其生长状况和种群结构受到水环境因素的影响。通过对水生植物与水环境关系的分析，可以更好地了解水环境的污染程度和生态状况。主要分析方法包括相关性分析、回归分析、典范对应分析等。

此外，还可以通过对比不同区域、不同污染程度的水生植物种群结构、生长状况等指标，探讨水环境污染对水生植物的影响规律。

水生植物监测是水环境生物监测的重要组成部分。通过对水生植物种群、生长状况和与水环境关系的研究，可以为水环境治理和保护提供科学依据，促进水生态系统的健康发展。在今后的研究中，应进一步加强水生植物监测技术的研究与推广，提高监测数据的准确性和可靠性，为水环境保护工作提供有力支持。

第三章　水环境监测技术

第一节　离子色谱技术

一、离子色谱技术概述

离子色谱技术是液相色谱技术的分支，与传统监测技术相比，其试样用量较少，前期处理难度较低，监测结果灵敏度较高，可同时进行测定。这种技术优势使其广泛应用于环境监测、工业生产、食物检验和生物医药等领域。离子色谱技术主要依靠离子色谱仪来完成检测工作。离子色谱仪由输送系统、进样系统、分离系统、衍生系统、检测系统、仪器控制系统和数据采集系统等模块构成，不同模块之间相互配合，快速完成离子筛选、检测和峰面积定量计算等任务。较为简单的技术构成和便捷的操作流程极大地满足了不同场景的检测需求。

离子色谱技术实用性较强，根据分离机制，可以形成离子交换色谱、离子排斥色谱和离子对色谱等差异化的检测模式。检测模式的多元化使得使用离子色谱技术可以快速开展各类检测工作。例如，离子色谱技术可用于检测水体中的无机阴离子，技术人员通过获取离子交换色谱，可准确判定无机阴离子的含量，实现无机阴离子判定结果精准度与有效性兼顾。在水环境监测中，离子色谱技术可以在 10 min 内完成对铁离子、氯离子、钠离子、钾离子、钙离子和镁离子的检测。较短的检测周期增强了水环境监测的实时性，技术人员可以根据监测任务的不同，调整离子色谱仪参数，在合理的周期内完成目标离子的检测。

我国水体环境较为复杂，水体内含有不同浓度的多种离子，离子性状的差异要求检测过程兼顾各种离子属性，对离子色谱技术的检测精度进行调控，避免离子浓度过大或者过小。随着技术的发展，离子色谱分析精度提升，科学管控可以最大限度地消除误差，保证离子色谱技术的检测精准度。

二、离子色谱技术在水环境监测中应用存在的问题

（一）输液系统操作不当

输液系统是离子色谱仪的重要组成部分，由于日常操作不规范，输液系统内可能混有大量气泡，影响自身的稳定性，造成检测精度下降。在实际操作过程中，技术人员需要按照相关要求，排出输液系统的气体。从实践来看，水环境监测过程中，离子色谱仪出现压力过高现象的概率较大，如果输液系统内部压力没有得到及时处理，保护柱、色谱柱和检测池就会出现污染、堵塞等问题。输液系统压力过大的原因在于，输液系统内混入杂质，使得内部原有的单向阀堵塞，如果在短时间内没有妥善解决，离子色谱仪的稳定性势必受到影响。

（二）基线存在漂移

离子色谱仪在水环境监测中会发生基线漂移，影响离子色谱技术的实用性，妨碍水环境的日常管理。诱发离子色谱仪基线漂移的原因是多方面的，如温度波动、流动相不均匀、电导池污染、色谱柱不平衡和试剂变质等，因此难以实现对基线的精准控制，影响了离子色谱技术的应用成效。当离子色谱仪的环境温度变化较大时，其内部结构的稳定状态会被打破。

（三）分离难以满足要求

在多种因素的影响下，离子色谱仪极易出现分离度不高、分析重现性差等问题，如果没有采取恰当的措施，离子色谱技术的实用性就会受到影响，难以为水环境监测提供技术支撑。例如，在操作过程中，淋洗液浓度控制不当，过高或者过低均会影响原始样品的离析能力，导致离子色谱技术的应用效果偏差。在水环境监测过程中，一旦操作人员没有严格按照操作要求对试剂、去离子水进行质量控制，试样的氯离子含量就会上升，导致离子分析误差增加。

上述问题的存在影响离子色谱技术在水环境监测中的应用效果，妨碍后续水环境管理工作的开展。基于离子色谱技术在水环境监测中应用的必要性，操作人员应当坚持问题导向，掌握技术应用问题，转变思路，创新方法，积极推动离子色谱技术在水环境监测中的科学化、高效化应用。

三、离子色谱技术在水环境监测中的应用原则

在水环境监测中，操作人员要坚持科学性原则和实用性原则，制订合理的技术应用方案，调整离子色谱仪参数，确保离子色谱技术的精准应用，切实满足现阶段水环境监测需求。操作人员要严格遵循离子色谱技术规范，科学维护离子色谱仪，避免出现设备管理不佳、参数调控不科学等问题，以提升水环境监测能力。离子色谱技术是水环境监测的重要技术路径，基于水环境的复杂性和监测内容的多样性，操作人员应当将离子色谱技术与水环境监测有机融合，形成体系化、流程化的技术应用模式，避免离子色谱技术在使用过程中出现技术盲区，影响实际监测效果。同时，水环境监测对离子色谱技术的时效性有较高要求，操作人员需要建立完善的离子色谱技术应用模式。

四、离子色谱技术在水环境监测中的应用策略

在水环境监测中，操作人员要做好抑制器安装和离子色谱仪关停工作，并定期对设备进行维护、保养。抑制器可以避免因离子色谱仪突然关停而造成的设备运行质量下降等问题。操作人员还要定期做好离子色谱仪的维护工作，及时更换再生液、淋洗液等，以确保设备运行的可靠性。

水环境监测对于保护自然生态环境、提升居民的生活质量有着重要的应用价值。针对当前水环境监测工作中存在的不足，可以尝试应用离子色谱技术，并针对当前离子色谱技术应用中存在的如输液系统操作不当、基线漂移等问题，采用相应的方法进行改进。针对输液系统中的气泡问题，可以及时打开废气阀，通过放空压力的方式，保证液体能够及时排出，并在排放 4 min 左右之后关闭阀门。针对系统内部压力过大的问题，可以采用卸下单向阀门的方法，使用水浴超声波清洗装置清洁阀门，在确定解决堵塞问题之后，再重新进行安装。如果内部压力过高，可通过更换色谱柱过滤网以保证过滤网的顺畅程度，从而减小压力。如果系统内部压力过大问题依然无法得到彻底解决，可以分析系统的流速，反复使用淋洗液清洗检测池，并根据堵塞的程度反复进行冲洗操作，直至达标为止，将系统内的压力数值控制在合理范围内。为提升离子色谱技术的应用水平，还应定期做好监测设备的检修工作，定期更换自动进样器和淋洗液。在监测过程中，要注意保持室内温度恒定。如果离子色谱仪的抑制器长期处于关机状态，应注意防止抑制器出现漏液的情况，影响抑制作用的发挥。通过以上方式可改善离子色谱技术在水环境监测中的应用效果。

第二节 气相色谱技术

一、气相色谱法概述

（一）气相色谱法的内涵

气相色谱法是 20 世纪中叶的一项伟大发明，也是目前色谱法中应用较为广泛的一种分析法。气相色谱法依托惰性气体，将样品放入气相色谱仪中进行分析。这种方法比较适用于固体、气体混合物及易挥发液体的检测，分离效果极佳。

（二）气相色谱法的分类

气相色谱法根据所用的固定相不同，可以分为两种：用固体吸附剂作为固定相的称为气固色谱法，用涂有固定液的单体作为固定相的称为气液色谱法。按色谱分离原理来分，气相色谱法可分为吸附色谱法和分配色谱法两类。在气固色谱法中，固定相为吸附剂。气固色谱属于吸附色谱，气液色谱属于分配色谱。按色谱操作形式来分，气相色谱属于柱色谱，根据所使用的色谱柱粗细，可分为一般填充柱和毛细管柱两类。一般填充柱是将固定相装在一根玻璃或金属管中，管内径为 2～6 mm。毛细管柱又可分为空心毛细管柱和填充毛细管柱两种。空心毛细管柱是将固定液直接涂在内径只有 0.1～0.5 mm 的玻璃或金属毛细管的内壁上。填充毛细管柱是近年来发展起来的，它是将某些多孔性固体颗粒装入厚壁玻璃管中，然后加热拉制成毛细管，一般内径为 0.25～0.5 mm。在实际工作中，气相色谱法以气液色谱法为主。

（三）气相色谱法的优缺点

1.气相色谱法的优点

①应用范围广，能分析气体、液体和固体；②灵敏度高，可测定痕量物质，可进行微量级的定量分析，进样量可在 1 mg 以下；③分析速度快，仅用几分钟至几十分钟就可完成一次分析，且操作简单；④选择性强，可分离性能相近物质和多组分混合物。

2.气相色谱法的缺点

在对组分直接进行定性分析时，必须用已知物或已知数据与相应的色谱峰进行对比，或与其他方法（如质谱、光谱）联用，这样才能获得直接肯定的结果。在运用气相色谱法进行定量分析时，常需要用已知物纯样品对检测后输出的信号进行校正。

二、气相色谱仪的原理及结构

（一）气相色谱仪的原理

气相色谱仪利用试样中各组分在气相和固定相间分配系数的不同，当试样被载气（流动相）带入色谱柱中运行时，组分就在两相间进行多次分配。由于固定相对各组分的吸附或溶解能力不同，因此各组分在色谱柱中的运行速度不同，经过一定的柱长后，便彼此分离，按顺序离开色谱柱，进入检测器，产生的电信号经放大后，在记录器上描绘出各组分的色谱峰。

（二）气相色谱仪的结构

气相色谱仪由以下五个部分组成：①载气系统，包括气源、气体净化装置、气体流速控制和测量装置；②进样系统，包括进样器、汽化室；③色谱柱和柱温，包括恒温控制装置（将多组分样品分离为单个）；④检测系统，包括检测器和控温装置；⑤记录系统，包括放大器、记录仪。除这五个部分外，有的仪器还有数据处理装置。

三、气相色谱技术在水环境监测中的应用

使用传统监测法监测水环境，存在监测时间过长、试剂耗用过度及多组分无法一起检测等问题。当前，气相色谱技术在水环境监测中的应用越发成熟，在地表水与废水等多类水环境监测中得到了良好运用，多组分无法一起高速测定的问题得以解决，为水环境监测提供了有力的技术支持。

（一）气相色谱技术在分析水中半挥发性有机物中的应用

半挥发性有机物（semi-volatile organic compounds, SVOCs）是环境中氯苯类、硝基苯类、苯酚类、邻苯二甲酸酯类等化合物的泛称。由于 SVOCs 种类复杂，各组分的理化性质相差较大，在采用传统液液萃取处理方式处理水样时，需分类处理，试剂消耗大且费时费力，对实验人员的伤害也较大。近年来，固相萃取–气相色谱技术在水环境监测领域得到了广泛的应用。

固相萃取法与气相色谱–质谱法联用，发挥了各自的优势，使水环境监测技术水平迅速提高。随着水资源污染日益严重，水源水和饮用水中有机物的分布日趋复杂。这些有机污染物的理化性质相差甚远，在一次分析中同时对各有机物进行确认和定量是水源水和饮用水质量分析的必然要求。采用固相萃取技术与气质联用的方法，可以同时测定水中多种半挥发性有机物，不仅准确度高，还具有操作简单、效率高、溶剂使用少等优点。

蒋伯成等提出对不同类型的化合物用不同固相萃取柱萃取的方法，农药和碱/中性化合物用 C18 柱萃取，酚类化合物用美国沃特世公司的 Oasis HLB 柱萃取。他们在确定了测定水样及组分的最佳萃取条件，建立了系统的半挥发物富集方案后，使用 DB-5（30 m×0.25 mm×0.25 μm）毛细管柱和日本 QP-

5000GC-MS 系统进行分析，为松花江水中有机毒物的分析测定提供了有效的样品处理方法。周雯等对 24 个代表性采样点的水源水样品进行监测，用 C18 柱萃取，应用 DB-SMS（30 m×0.25 mm×0.25 μm）弹性石英毛细管柱和美国 Finniganmat 公司的 VogagerGC/MS 系统（EI 源：70 eV，质量扫描范围：45～450 amu），鉴定出 17 种有机物。

（二）气相色谱技术在检测水中农药中的应用

农药是农业上用来杀虫、杀菌、除草、灭鼠等以及调节农作物生长发育的药物的统称。《地表水环境质量标准》（GB 3838—2002）和《生活饮用水卫生标准》（GB 5749—2022）中对要求检测的农药进行了明确规定。有数据显示，农药现阶段总计有 6 300 多类。在水质有机物监测中运用气相色谱技术，可以同步定量检测样品中各种农药残留物。气相色谱技术在水质农药残留物检测中起着十分关键的作用，全球各国水质检测机构与实验室早就对这一技术进行了开发和运用，同时借助新的电离方法，如负化学电离源（negative chemical ionization, NCI）显著增强了气相色谱法分析农药残留物的准确性。在运用气相色谱技术对水质样品里的农药残留物进行分析前，需要通过液–液萃取对样品进行前处理。主要的样品提取溶剂包括丙酮、二氯甲烷及乙酸乙酯等。因为二氯甲烷的致癌性强，所以实验时基本采用的是乙腈与丙酮混合液，其提取效率更高、污染更小。

（三）气相色谱技术在分析水中有机金属化合物中的应用

例如，运用气相色谱技术测定甲基汞的传统方法是采用电子捕获器，使用聚丁二酸乙二醇酯（DEGS）、苯基（50%）甲基硅酮（OV-17）或聚乙二醇 20 000（PEG-20M）制作固定相，即气相色谱–电子捕获法（gas chromatography-electron capture device, GC-ECD）。GC-ECD 的优点是灵敏度高、速度快、应用范围广、所需试样量少等，因此得到广泛应用。杨作格对比 ICP-MS、FIMS

和 GC-ECD 三种方法，发现 GC-ECD 检测限最低，达 4 ng/L，基体加标回收率为 87%～91%。GC 色谱柱一般选择填充柱或毛细管柱。填充柱巯基棉制备过程烦琐，且重现性和柱效较差；毛细管柱虽容量低，但分辨率很高，材质惰性好，不需要定期清理柱处理液，更适于推广。祁辉等用巯基棉富集-甲苯萃取-毛细管柱气相色谱法测定水中甲基汞，标准浓度在 10～200 ng/mL 内，线性良好，基体加标回收率在 90.3%～103.5%，在水中最低可检出 0.6 ng/L 甲基汞。不过在使用此方法时，色谱柱极易被污染，由此分离成效将随着时间推移逐渐弱化，干扰峰与色谱峰会对检测产生影响，所以应该选用某些特殊方式来消除以上干扰。GC-ECD 极度缺乏专属性，原因在于存在多种干扰因素，所有带电负性组分均存在影响检测结果的可能，所以对所用化学试剂及被测组分纯净度方面提出了较高要求，检测过程中的提纯与萃取步骤也更为复杂。

（四）气相色谱技术在分析水中其他传统污染物中的应用

近些年，气相色谱技术被不少学者应用于对水环境中的石油类、酚类、氰化物及苯胺等传统污染物的检测。例如，张欢燕等采取吹扫捕集法和液-液萃取法，使用氢火焰离子化检测器来测定水环境中石油类成分。秦樊鑫等提出将工业废水样品中的挥发性酚预先用溴衍生化，之后用环己烷萃取分离，分取部分萃取液做气相色谱分析的方法。他们用此方法测定了苯酚、邻甲酚、间甲酚及对甲酚四种挥发酚，所测得的线性范围分别为 0.008～80 μg/L、0.010～100 μg/L、0.018～100 μg/L、0.012～100 μg/L。此方法具有回收率高、偏差小的特点。郭瑞雪采用顶空气相色谱法检测水环境里的氰化物，这种检测方法高效快捷。

四、气相色谱技术在水环境分析监测中的应用展望

气相色谱技术在水环境分析监测中应用的发展主要体现在以下几个方面：①开发与其他新技术的联用方法，如衍生化、微萃取技术、质谱技术等，不断优化监测技术，更好地对水环境进行监测；②色谱柱是气相色谱的基础，开发选择性强、成本低的专用色谱柱对水环境中更多项目的同时监测意义重大；③与评价软件的联合应用能使气相色谱技术更好地服务于水环境监测，为做出正确的决策提供更快速的信息支持；④气相色谱仪小型化（芯片化、模块化）和自动化发展能为应急监测提供良好的技术支撑。

第三节　生物监测技术

一、生物监测技术概述

目前，世界上不少发展中国家存在着由淡水资源匮乏和土壤荒漠化所导致的环境污染问题。而水污染作为环境污染重要的类型之一，在当前引起了人们的普遍关注。因此，对水质的监测尤为重要。目前，对水质环境的主要监测手段大致包括生物监测和生化监测。一旦水体环境遭受破坏，在其中生存的生命的正常发育与繁衍将会受到干扰。将生态监测技术应用在环境监测和评估等领域，方法简单而安全，经济性和实用性都很强，其检测结果的准确性也很强，可以反映实际的环境状况。通过生态监测技术还可以对环境问题做出早期警示，从而防止水生态系统平衡的破坏。但当前中国的水环境污染问题总体上来

说比较严重，因此一定要采取有效措施来对水环境进行监测。当今社会的现代技术已经应用到了工业生产、科学研究等领域，水环境监测技术也不例外。要想合理控制水体中污染物的浓度，科学地评估水体环境质量，就必须大量研制自动水体监测仪。但是水环境监测产品质量管理的现代化程度不高，不能构建出一个完备的体系，监测过程中出现的问题无法被反映与解决，导致监测结论不准确，很难保证监测质量。因此，应将现代化手段融入水环境的监测过程中，对整个流程实施严格的信息化管理，从而真正提高环境监测质量。

生物监测可以更直观地了解污染物对生物的影响。比起精密仪器，许多生物体有更高的灵敏度，当受到污染物冲击时，它们能第一时间做出反应。当前水环境监测多采用物理与化学相结合的方法，仅能测定单个污染物浓度，而生物监测这一技术的诞生则巧妙地解决了这一难题。生物监测具有操作简便、费用投入低等特点，仅需花费较少人力、物力、财力、即可实现对水环境的监测。但现有生物监测技术仍存在着明显缺陷，如：无法第一时间检测出水体污染物浓度，未建立完善、统一的环境质量标准，且未形成完善的污染物排放标准，部分生物监测方法尚无法合理地区分环境因素对水体的影响与污染物对水体的影响，监测过程耗时较长等。这些问题使生物监测技术在水环境监测中的应用受到很多制约，相关人士有必要对这些问题进行深入研究，以便对生物监测技术进行改善，更好地发挥生物监测技术对水环境监测的促进作用。

二、生物监测技术在水环境监测中的应用原则

生物监测技术在水环境监测中的应用需从实践角度出发，以科学性原则与实用性原则为导向，框定监测流程，增强生物监测技术应用的指向性，构建生物环境监测体系。

（一）生物监测技术的科学性原则

为了发挥生物监测的技术优势，实现技术资源、人力资源精准调配，及时应对水环境监测环节暴露的短板与问题，应当在技术体系谋划、设置、应用环节遵循科学性原则，将生物监测技术的安全、平稳、高效应用作为基础与前提；应坚持目标导向，避免监测方法选择不当，影响生物监测技术应用水平；应消除干扰因素影响，增强水环境监测的科学性与有效性，以更好地服务水环境治理、生态修复等相关工作。

（二）生物监测技术的实用性原则

为了不断提升生物监测技术的应用效能，应当在相关技术应用环节遵循实用性原则，从多角度出发，立足水环境监测既有属性，着眼监测技术原理，评估生物监测技术应用方案的可行性。技术人员对于生物监测技术方案的制订，应当采取更为审慎的态度，从效率提升、精益管理等角度出发，确保生物监测技术的有效性，充分满足水环境监测的相关要求。

三、生物监测技术在水环境监测中的应用路径

在水环境监测过程中，应当严格遵循生物监测技术规范，通过应用生物监测技术，全面强化环境监测能力，为水环境治理与保护提供相应支撑。

（一）发光细菌法在水环境监测中的应用

发光细菌法的基本原理是利用灵敏的光电测量系统测定毒物对发光细菌发光强度的影响，根据发光细菌发光强度的变化判断毒物毒性的大小。作为现阶段较为成熟的生物监测技术，发光细菌法在实际使用过程中表现出良好的环境适应性，可以满足多种水体环境下的污染物监测要求，具体监测原理

如图 3-1 所示。

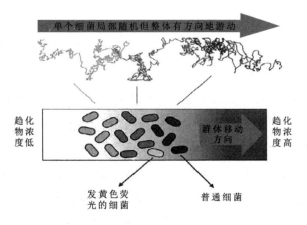

图 3-1　发光细菌法监测原理

在利用发光细菌法开展水环境监测的过程中，技术人员应当做好细节处理，严格按照操作要求，根据监测对象的不同，采取差异化处置方式。

1.新鲜发光细菌培养物测定法

在使用新鲜发光细菌培养物测定法监测水环境时，技术人员要将发光细菌接种到液体培养皿中，在 20 ℃的温度条件下连续通气培养 12 h。通气结束后利用缓冲液进行稀释处理，在稀释后的菌液浓度达到要求后进行测试，读取发光强度，判定水体环境等级。

2.发光细菌和藻类混合测定法

在利用发光细菌法对水环境进行监测的过程中，部分污染物虽对发光细菌无明显毒害作用，但对水体中的藻类、鱼类等生物危害性较强。为应对这种情况，技术人员可以采取发光细菌和藻类混合测定法，将培养好的发光细菌悬液与藻类悬液充分混合，之后测定发光细菌的发光强度。

3.发光细菌冷冻干燥制剂测定法

由于污染物会破坏藻类正常的光合作用，导致水体内氧气含量持续降低，进而削弱发光细菌的发光能力，因此技术人员可以选用发光细菌冷冻干燥制剂测定法。在应用该方法前，技术人员需要使用缓冲液对提前制成的发光细菌干燥粉剂进行保温平衡处理，处理周期控制在 5～10 min，使得发光细菌恢复到正常生理状态，达到监测要求。

（二）微生物群落法在水环境监测中的应用

微生物群落法主要借助真菌、藻类以及原生动物的生物形态，通过监测对象出现频率或相对数量获取有关信息，借助数学统计方法，计算分布指数，从而判定水体污染程度。经过长时间探索，微生物群落法日益完善，可根据不同监测需求，灵活选择污水生物系统法、生物指数法、PFU 微型生物群落检测法，通过对不同微生物群的定向选择，获取水体污染有关数据，完成相关监测任务。同时，为保证监测结果的准确性，在微生物群落法应用过程中，技术人员可以使用克隆文库方法进行分析，克隆文库方法是基于 DNA 提取、16SrRNA 基因扩增和序列测定。16SrRNA 基因可以作为多样性研究的一个标记分子，因为它是所有微生物细胞的重要组成部分，具有高度保守的引物结合位点和高度易变的可供特定微生物鉴定的特异性位点。鲜有证据表明 16SrRNA 基因在物种间进行水平转移。克隆文库方法有很多优点，如：简单易行、可操作性较强、实用水平较高；使用引物不必对微生物种的背景知识进行了解；微生物群落能够进行聚类分析；可以实现对水体环境的全方位监测以及分析，排除干扰因素对于监测活动的影响。

（三）生物行为反应监测法在水环境监测中的应用

生物行为反应监测法是通过特定生物在水中的行为反应来判断环境污染状况，确定水体污染物的安全含量，并及时对风险因素进行预警。监测人员可以通过评估生态生物反应情况及其对生态的影响来监测环境污染状况。目前应用范围最广的指示海洋生物为鱼和水蚤。以斑马鱼为例，它作为一类海水鱼对环境的要求较高，因此有利于环境监测。也有科学家将斑马鱼作为指示海洋生物，利用半静态方法分析环境中重金属在水生生物体内的毒性情况，发现铜离子、镉离子、碳离子等对斑马鱼毒性和调节过氧化氢酶活力的作用程度不一。所以，斑马鱼已经成为监测水环境污染的重要指示海洋生物。目前，智能水体生物学毒性监测系统可以 24 小时监控指示海洋生物的行为，并及时分析其行为轨迹。如果监测到异常生物体的反应，系统也将做出反应并报警。淡水环境中的海洋生物监测以鱼类居多，但在海洋环境中通常以双壳类为主。当前，人类不仅可以通过电磁传感器技术来提高生物观测的质量，还可以通过高频电磁感应器系统监视贝类生物的生命活动，进而增强生物观测的有效性。除鱼和双壳类动物外，水蚤也常常作为生物监测的指示生物。

（四）生物传感器监测法在水环境监测中的应用

生物传感器监测法主要是借助生物传感器对水体污染物进行精准识别，完成生物分子层面的污染监测。在各类技术支持下，该方法可以完成水体内生物酶、抗体、抗原、微生物、细胞等生物活性物质的识别，根据生物活性物质识别情况判定是否存在污染物。为更好地提升监测效率，确保监测准确率，技术人员往往使用氧电极、光敏管、场效应等设备，将生物信号转化为电信号，然后通过对电信号的捕捉，快速判定环境污染程度。在生物传感器监测法应用过程中，技术人员要根据使用场景的不同，选择免疫传感器、DNA 传感器以及细胞传感器等硬件设备。由于对精密度要求较高，生物传感器监测法更多情况下偏向于实验室研究，使用场景受限，在实际应用环节需要灵活调整技术方案，提升技术应用成效。

四、生物监测技术应用要点

考虑到生物监测技术的原理与应用场景，在应用生物监测技术时，要准确把控技术要点，着眼关键环节，创新生物监测技术路径，以满足水环境监测的要求。

（一）调整生物监测技术思路

为确保水体环境生物监测技术工作的高质量开展，消除潜在认识误区，准确把握监测技术要点，技术人员要通过结合实际、案例研究等方式，快速转变传统工作思路，从新的视角、新的思路把握生物监测技术主体架构，确保各项工作稳步开展。同时，要组织相关业务培训，依托专业知识培训，帮助技术人员更新知识架构，对水体环境生物监测技术工作形成全新认知，使他们既明确生物监测技术的重要作用，又厘清生物监测技术的基本要点，增强生物监测技术方案的可行性。

（二）构建综合化监测机制

生物监测作为水环境监测的重要组成部分，弥补了物理监测技术与化学监测技术的不足，增强了水环境监测的全面性与精准性。但必须清楚地认识到，水环境中生物生长及分布差异较大，同一种生物对于污染物的反应时间、反应强度也不同。基于这种情况，在生物监测技术应用环节，为最大限度地提升生物监测结果的精准度，技术人员须在科学性原则指导下，结合水体特征、指示生物的生长状态，来灵活判定测试周期，避免因测试周期选择不当而影响最终的监测结果。考虑到水环境的多样性，技术人员需要尽量增加样本数量，以确保监测结果的可信度，减少监测误差。

（三）提升数据信息共享能力

为应对现阶段水环境监测中信息数据共享不及时等问题，应在开展常规性监测工作的同时，尝试拓宽生物监测技术的应用范畴，积极搭建生物监测数据信息平台，通过信息共享体系的介入，为污染物源头分析、生态修复平稳推进奠定坚实基础。着眼于这种目标定位，可以尝试利用大数据技术的信息获取优势，借助各类软件设立生物监测数据采集层、生物监测数据存储层、生物监测分析挖掘层、生物监测业务应用层等系统模块，搭建生物监测技术平台。具体而言，生物监测数据采集层借助大数据技术完成外部数据导入、项目特征提取以及监测技术生物监测提取等工作，通过上述工作的合理化应用，确保核算数据的真实性，避免数据缺失。考虑到整体污染物监测数据较多，信息获取难度相对较大，可在数据存储层构建环节，通过分布式数据库、知识库及溯源库等进行数据中转，为后续软件的使用提供数据支持。北京、上海、广州、深圳等地区，在生物监测技术应用环节应考虑自身城市规模体量以及用水安全，将大数据技术与生物监测技术有机融合，通过技术协同化运用，稳步增强水环境监测数据处置能力，大大缩短水环境监测周期，提升监测效率，平衡成本投入。

生物监测手段能够提升监测成果的可信度，客观评价水污染物的生态危害性。在科学技术不断发展的今天，将生态监测手段运用于水环境监测中，能够为整个经济社会的可持续发展提供保障。

第四节　现代化萃取技术

现如今，环境问题已经成为国际社会关注的热门话题。在早期粗放型工业发展模式的影响下，水污染已经成为影响人们生存和发展的重要因素。在可持续发展理念的影响下，水环境的监测和污染处理已经成为各国关注的重要工作内容。在现代经济社会发展的影响下，引发水污染的污染源种类在逐渐增加，环境监测工作的难度也有所提升，因此需要环境监测部门根据经济社会的实际发展状况不断创新技术手段，提高水环境监测的工作效率和质量。

一、现代萃取技术性能探讨

根据我国当下的水环境监测工作状况，有机废水是造成水环境污染的重要源头，并且这类污染一般来源于工业生产。有机废水中有无法溶解的高浓度蛋白质、碳水化合物等有机物质，如果有机废水在未经过妥善处理的情况下进入自然水体，自然水体中的好氧微生物就会对有机物质进行分解，从而产生水中氧气持续消耗的现象。这意味着水体将会进入缺氧或者厌氧状态，如此一来，有机物同样会进行厌氧分解，从而产生氨气、硫化氢等带有恶臭气味的气体，在恶化水环境的同时，也会使水体中的其他微生物无法继续生存。引发水环境污染的各种有机污染物通常会长期在水底沉淀并形成相应的沉淀物。

从当前我国水环境的有机物前置处理监测方法看来，液固萃取方式应用频率最高，这种方法是以萃取的基本原理和流程为出发点，综合考虑水污染物处理的各种条件进行前置处理，一般以超声萃取和索式提取等方法为主。这类方法在具体应用的过程中能够进行有机溶剂的前处理，但整个萃取操作流程相对复杂，且需要较长时间。现代技术的发展，催生了超临界流体萃取、固相萃取等方法，但在样品处理的数量方面却存在着明显的限制，并且部分萃取方法使用的有机溶剂单价较高，监测人员的人身安全也没有得到应有的保障，无法在水环境监测工作中进行推广。如此一来，快速溶剂萃取便逐渐成为我国水环境监测工作中进行前置处理的最为有效的方法。这种方法不会给环境带来严重的污染，且溶剂的消耗数量较少，萃取操作流程整体较为简单，已经成为我国水环境监测工作常用的方式之一。

二、水环境监测工作中的现代萃取技术类型

（一）固相萃取

萃取技术在 20 世纪 70 年代开始快速发展，固相萃取也是在同一时间阶段被科学家发现和提出的。该种萃取方法以固体吸附剂为媒介，能够分离液体样品中的目标化合物、监测样品基体及类型各异的干扰性化合物。此后，操作人员需要利用脱洗液进行脱洗处理，或者使用加热吸附的方法，实现监测样品中混合物分离的目标。固相萃取的原理是将不同介质中分析物吸附能力的差异作为基础，合理地提纯需要监测的目标物体。该项技术能够分离目标物体和干扰物体。在实践操作中最为明显的外在表现就是能够压缩液体萃取的分离时间，使有毒溶剂的使用数量始终控制在合理的范围内，避免萃取技术的应用给水环境带来二次污染，同时使监测样品得到升级处理。但在这种技术的实际应用过程中，分离制备环节存在着出现堵塞问题的可能性，并且也可能存在监测样品回收率较低的问题。

（二）快速溶剂萃取

液固萃取是快速溶剂萃取技术发展的基础条件，不同溶剂中的溶质溶解度存在差异是该项技术的主要原理。在水环境监测的过程中，监测人员可以在较高的温度或者是压力环境下，通过科学选择溶剂类型，利用快速溶剂萃取仪器，以最快的速度萃取固体或者半固体样品中包含的有机物。该项技术在水环境监测中应用时要求处于 $85 \sim 130$ ℃的温度下，考虑到液体的沸点数值会随着压力数值的变化而变化，在萃取操作时，可以通过适当地提高压力数值提升溶液剂的沸点，保证高温状态下的溶剂始终处于液体状态，从而进一步提高萃取工作的效率，控制萃取操作的危险程度。

三、现代萃取技术在水环境监测中的应用分析

（一）固相萃取应用

在水环境监测工作实践中，固相萃取技术操作和分离的时间较短，操作方法较为简单，不需要使用大量的有机溶剂，操作人员可以将待监测的组分性质作为出发点，选择与之类似的萃取头，在压缩萃取操作时间的同时对各个物质组成成分进行分离处理。但固相微萃取头的制作难度相对较高，在使用过程中很容易出现破损现象，并且萃取头的制作成本较高，一旦出现操作失误，该项技术的应用成本便会明显提升。同时，在操作实践中，萃取头中的固定液会因为温度的提升而产生流失问题，在吸附时也会产生吸附其他杂质的现象，最终的监测结果精准性无法得到保障。从目前我国的水环境监测工作实践看来，固体萃取技术常用于重金属离子、有机污染物等物质的监测工作。导致我国水体出现污染现象的重金属离子包括具备生物毒性的重金属和具备明显毒性的一般重金属。引发水污染现象的重金属废水通常来源于我国的电镀、电子和冶金行业，随着我国这些行业规模的持续扩大，重金属污染物的规模也在不断扩大，并且这类污染物的自然降解率极低，是我国目前水环境污染的一类污染物。在监测重金属离子的过程中，可以使用固相萃取技术将二氧化硅在纳米级别的四氧化三铁的表面进行覆盖，并利用烷基三甲氧基硅烷实施化学修饰，将其视为固相萃取技术操作中的吸附剂，富集水中存在的银离子，然后使用火焰原子吸收光谱法进行测量，从而有效解决银离子在水环境样品中含量较低以及监测结果缺乏精准性的问题。

引发水环境污染现象的有机污染物的生物累积性以及致癌作用十分明显，虽然部分有机污染物在环境介质中的含量较低，但对人体的危害却极大。因此，在目前的水环境监测中，有关有机物方面的监测工作需要针对痕量或者超痕量污染物探索全新的监测方法。在有机污染物尤其是痕量污染物的监测过程中，

可以利用聚二甲基硅氧烷涂层制作萃取头，实现对水体中多环芳烃物质的快速监测。此外，也可以使用中空纤维膜液相微萃取技术，让其逐渐取代传统的固相萃取方法，对地表水系中的多环芳烃物质进行监测，避免地表径流频繁流动带来的多环芳烃物质采样问题。同时，可以以溶胶-凝胶技术为基础，形成相应的聚合物萃取材料，针对水样中存在的雌激素物质进行富集处理，并通过与高效液相色谱联用，对监测水样中存在的己烯雌酚、乙烷雌酚和双烯雌酚三种物质的含量进行全方位监测。

（二）快速溶剂萃取应用

在水环境监测中，快速溶剂萃取技术以温度控制为原理进行监测样品的萃取，一般都会使用萃取仪这类仪器。一般情况下，用于水环境监测的萃取仪会形成 12 个萃取位，其中有两个位置属于清洗位。这种萃取设备通常可以分为 34 mL、66 mL 和 100 mL 等规格。以水体中有机物溶解的具体程度为基础，可以对萃取仪的温度进行调节。一般而言，萃取仪能够正常工作的温度范围介于 55～195 ℃。通常看来，引发水环境污染现象的污染物平均温度为 100 ℃，常规性质的污染物萃取工作环境温度介于 5～120 ℃。随着温度的持续提升，溶质基体效应将会变得越发明显，反应速度也会出现明显的上升趋势。溶剂黏度相较于常温状态明显提升，意味着溶解速率会明显提高。在快速溶剂萃取技术应用的过程中，加热时间一般都控制在 10 min 以内，需要相关人员合理地提高压强数值，保证样品的溶解沸点不断提高。相较于气态溶剂，液态溶剂与采集样品发生反应更为容易。溶剂在高温状态下会一直保持液体状态，可以在整个萃取仪器中快速分散，样品萃取的工作效率会明显提升。在我国水环境监测的过程中，快速溶剂萃取一般需要坚持多次少量的原则，利用静态萃取促进质的变化，需要利用三次循环操作保障最终监测结果的精准性。

在水环境监测工作中，需要优先在萃取池中装载一定数量的有机污染物，并向其中加入溶剂，随后进行加热或者加压处理，保障污染样品能够处于高温和高压状态。之后，监测人员需要将溶剂适当地添加到萃取池中，借助多次的循环和萃取，分析有机污染物的具体含量。监测人员在萃取池中装载有机污染物时，必须保证所处环境干燥，因此风干处理是必不可少的环节。监测人员需要提前进行沉淀物的研磨，将沉淀物的直径控制在 0.5 mm 以内。此外，监测人员要严格按照污染物样本的特征选择萃取剂。

从当下我国水环境监测中的快速溶剂萃取技术应用来看，快速溶剂萃取技术主要是对水环境底泥和固体物中的酸性、中性以及碱性物质进行萃取、监测，主要用于水环境中有机氯、有机农药、柴油等物质的萃取和分析。多年的实践证明，快速溶剂萃取技术有着良好的应用效果，并且该技术可以在有机重金属化合物和多环芳烃的混合物中进行萃取。相较于传统的萃取技术，快速溶剂萃取技术能够与其他萃取技术结合使用，但需要相关人员建立全封闭的操作环境，在保障监测人员人身安全的同时，避免萃取技术的应用给生态环境带来负面影响。

水环境监测是保护水体环境、提高水源质量的重要工作内容。现代萃取技术可以对各种有机废水中的重金属元素等污染物质进行全方位监测，其中固相萃取技术和快速溶剂萃取技术是应用最为频繁的两种技术。监测人员应该根据水污染物的具体类型选择萃取技术，在增强监测结果精准性的同时，为环境保护部门治理水环境污染问题提供精准的数据支持。

第五节　无人机技术

一、无人机系统组成

无人机系统主要由无人机平台、飞行控制系统及机载遥感设备系统等部分组成。无人机系统作为监测的载体，主要有无人直升机、无人固定翼及无人飞艇三种平台。飞行控制系统主要负责飞行控制与管理，是无人机的核心系统，对其飞行性能至关重要。机载遥感设备系统由数字相机、单轴稳定平台、遥感设备控制系统等组成。此外，无人机还可根据应用领域需要，搭载诸如二氧化硫、臭氧等环境类或湿度、温度等气象类指标仪器。

二、无人机技术在水环境监测中的应用

（一）地表水水质监测

传统水质监测现场采样需要人工乘船至野外湖心等点位，存在安全隐患，同时会消耗大量人力、物力、财力，且用时较长。而给无人机挂载采样器，可以使其飞至指定地点上方采集水样。采样人员在岸边操作，确保安全的同时也可以避免在自然保护区、疫区等特殊环境下采样对周边造成的干扰。例如：马轮基等使用无人机遥感监测武汉市东湖的部分水域，得到了研究水域的水色差异情况图，并分析了对应湖区的水质；常婧婕等用无人机搭载的高光谱成像设备对八里湖水域进行水体光谱数据的采集，对水域的叶绿素、悬浮物、总磷、总氮等参数进行了监测。

（二）水生态调查及管理

无人机可以完成高难度的水环境现场勘查等任务，为环境管理工作提供依据。当使用传统方法对水资源进行现场调查受野外复杂环境限制时，使用无人机航拍高清图代替人力勘查，能更加快速地确定河段水情、流向、植被情况。例如：侍昊等利用无人机搭载多光谱相机，通过影像特征变换结合面向对象分类的方法监测城市黑臭水体，获得了较高分类精度的城市水环境信息，为黑臭水体的监管提供了技术支撑；王祥等利用无人机监测辽宁红沿河核电站的温排水，得到了较高精度的监测结果。

（三）水环境预警应急及溯源监测

水环境应急监测需要及时、全面地了解污染源的分布、范围等信息，否则将延误污染事故处置时机。当应急现场断面情况不明时，采用无人机进行应急监测能够克服现场不利条件，从而快速、高效地获取现场相关信息。例如：2016 年汛期，岳阳华容县发生溃堤，应急监测小组利用无人机航拍洪泛区获取了精确水文资料，为现场应急等工作提供了科学依据；针对湖库蓝藻水华预警监控，段洪涛等利用卫星、无人机、自动浮标等技术，构建了"空天地"一体化监控系统，发挥了无人机应急监测优势；吕学研等将无人机搭载多光谱仪应用于社㲼港污染溯源监测中，并建立总氮、总磷等指标的无人机多光谱遥感反演模型，分析河道周边潜在污染源和河流水质的空间变化特征；江苏省南京市环境监测中心对某河流开展污染溯源调查时，采用无人机对该河流的环境现状进行航拍监测，无人机巡查发现沿线共分布有 15 个排口，并对排口进行了采样监测。通过无人机获取现场的高清影像，有助于对河流的水环境现状进行全面评价，为河流的污染溯源监测提供基础信息。

（四）无人机技术在水环境监测中的应用优势与不足

1.无人机技术的优势

应用无人机技术可在短时间内完成大范围的飞行巡查、监测等任务。监测人员可以根据无人机搭载的装置，观测河流周边环境及水质状况。当面对突发环境事件时，无人机能够实时跟踪监测，为现场灾害评估、处理措施的部署提供依据。虽然目前水环境监测中对无人机技术的应用仍处于初级阶段，但实践已经证明，在水环境监测中，无人机技术的优势不可小觑，其优势主要体现在以下三个方面：

（1）灵活机动，提高水环境监测工作的效率及安全性。无人机本身机动性很高，通过地面人员遥控，可直接到达一些人工无法直达的监测难度大的区域进行相关数据采集，从而在特殊情况下，保障监测任务安全高效地完成。

（2）成果多元化，精度高，提高水环境监测工作的水平。无人机通过携带数码相机、多光谱仪等光学元件或搭载水质采样器等设备进行水质监测，可以宏观快速地获得目标水域周边环境、地形地貌等各类相关信息，然后通过软件解析无人机采集到的数据信息，为现场水环境监测提供及时、准确的信息支撑。

（3）降低水环境监测环节的成本，避免二次污染。无人机携带及组装方便，代替租借船只及人工驾驶至指定位置开展水质现场监测工作，一定程度上降低了水环境监测环节的成本支出，也避免了船只在行驶期间所产生的污染物对水环境造成的二次污染。

2.无人机技术的不足

无人机技术在水环境监测中逐步得到广泛应用，相较于传统的水环境监测技术，无人机技术在水环境监测过程中充分发挥了其灵活机动、成果多元化、精度高等优势，弥补了传统水环境监测技术的不足，进一步提高了水环境监测工作的精度及效率。但是作为新型监测手段，无人机技术在水环境监测中的应用仍存在一些不足之处：

（1）目前缺乏具体的针对无人机采样监测等的技术规范与标准。

（2）我国低空空域管理严格，空域申请审批程序烦琐，一定程度上削弱了无人机的灵活性。

（3）无人机应用场景多样，但尚存一些技术短板，如：电池电力不足，续航时间普遍只有几十分钟；在人群密集的城市内河或河道周边树木密集处，无人机的避障功能尚不完善；易出现信号丢失的问题。

（4）缺乏专业的无人机监测队伍。无论是无人机的现场操作还是获取影像的后期处理，都需要专业人员进行相关工作。然而，目前没有系统的专业人员培训机制，也没有形成专业的无人机监测队伍，且各地装备参差不齐，一定程度上影响了无人机监测任务的开展。

为了改善无人机技术在水环境监测方面的应用效果，需要不断推动无人机技术创新，研发高性能电池，提高续航时间；同时要提升其在强风等恶劣环境中的耐受性，拓展无人机适用的野外监测环境；要加强无人机专业人才的培养，建设具有地方特色的无人机监测队伍；还要将无人机技术与其他手段有机结合，实现不同手段和信息的协同和互补，为水环境监测提供更为及时且全面的数据及信息，促进水环境监测的信息化与现代化的发展。

三、无人机在水环境监测工作中的应用要点

由于无人机在水环境监测工作中发挥着不可替代的作用，并且实际应用效果也非常好，因此相关工作人员在水环境监测工作中使用无人机时要充分发挥其优势，明确无人机在水环境监测中的行迹规划，结合实际工作需求进行模型的构建。在水环境监测工作中，无人机的飞行空间和航迹连续，在开展水环境监测工作之前，工作人员要对无人机的航迹进行集中处理，使无人机能在水环境监测工作中发挥其应有的价值和作用。

由于水环境监测工作是由多个部分组成的，为了增强最终水环境监测工

作的准确性，相关人员要采用分层规划的理念来明确无人机的航迹。在无人机应用的过程中，航迹规划约束条件较多，各个因素之间有着密切的联系，因此在执行不同水环境监测任务时，对无人机的航迹有着不同的要求，大多数情况下是执行正常的巡航任务，对目标点进行监测。在进行巡航时，相关人员要综合考虑无人机的最大飞行距离，加强对水环境监测现场的勘察和了解，对无人机的航迹进行规划，进而完成整体的水环境监测任务。另外，在无人机应用的过程中，还需要综合考虑无人机航迹的安全性。假如在陆地上执行任务时发现故障，无人机可以以各种方式来降落，但是在水环境监测工作中，如果无人机发生了故障，那么再找到无人机的概率是非常低的。因此，相关工作人员要综合考虑环境的特殊性，根据监测现场的周边环境和水环境确定无人机的航迹。

无人机在水环境监测工作中的应用前景是非常可观的，相关人员在利用无人机进行水环境监测工作时，要充分发挥无人机的优势，加强对水环境监测区域的勘察，科学合理地设计无人机的航行轨迹，提高监测数据的准确性，为我国水环境保护提供重要的技术与信息支撑。

第六节　遥感技术

一、遥感技术概述

遥感技术是一种借助电磁波和地球表面物质的相互作用，对远距离物体和环境进行探测，记录和分析目标对象的电磁波谱，生成初始图像，继而做出判断和识别的技术。该技术起源于对地观测技术，主要借助遥感探测器、传感器等设备，测定目标物体的电磁波，不仅能够实现大面积同步观测，还能在短时间内实现同一区域的动态重复监测，具有较高的经济性、可比性和综合性。

目前，遥感技术已经广泛应用于现代环境监测、环境保护、自然资源动态监测（土壤、水、勘探资源等）和城市规划等领域，还在工业、农业、军事、航空等领域发挥着重要的作用。

根据所利用的波段，遥感监测技术主要分为可见光-反射红外遥感技术、热红外遥感技术、微波遥感技术等类型。

其中，可见光、反射红外遥感技术利用了物体反射率差异，通过记录反射、辐射获取目标物体信息。但这一技术会受到大气纯洁度、太阳辐射强度、地物波谱特性等关键变量影响，因此主要用于各种污染监测，是目前发展较为成熟的一种监测技术。

热红外遥感技术主要用于探测地面电磁波辐射源及性能，如发射率和温度，能够实现短时间内大面积地表温度动态重复观测。

微波遥感技术具有全天候观测、信号丰富等特点。微波在传播过程中，由于传播介质不稳定，会产生反射、折射、散射等情况，为保证监测结果的准确性，监测人员必须结合个人经验和专业能力建立相应的模型或公式，确保信号和目标物体关系明确，以便推导出确定的物理特性和运动特性，最终获得精准的监测数据。

二、遥感技术在水环境监测中的应用优势

（一）信息收集较为全面

水环境监测涉及面较广，所以要想保证监测水平，相关人员就要尽可能大范围地进行信息收集。传统监测手段往往只是单一环节的监测，要满足监测需要就要进行多次监测，流程较多且程序烦琐，很大程度上影响了监测作

业的进行。将遥感技术应用到水环境监测中，由于遥感技术探测范围较大，如航摄飞机飞行高度可达 10 km，而借助卫星进行的遥感监测更是能够覆盖 3 万多平方千米的地面范围，因此能够较好地满足水环境监测的需要。在实际作业过程中，借助遥感技术，相关人员能够在短时间内对水深、水面宽的江河湖泊等水环境进行快速检测，在保障信息收集质量的基础上扩大信息收集的范围、提高信息收集的效率，相较于传统的信息收集方式来说具有明显的优势。

（二）适用范围较广

水环境监测涉及面十分广泛，包括河道、湖泊、海洋以及地下水等多种样式的水环境，再加上我国地质地形十分复杂，所以在进行水环境监测的过程中就需要面对多样化的复杂环境，这具有一定的难度。由于传统的监测技术很难适用各种环境，因此监测人员在进行作业的过程中往往需要准备多台设备以及方案，在一定程度上增加了作业流程及成本。在此背景下，相关人员就需要实现监测技术的更新。由于遥感技术可以借助多样化的设备进行监测作业，因此将遥感技术运用到水环境监测中，就可以针对各种环境选择合适的监测方案，以适应环境监测的需要。而且遥感技术穿透能力强，无论是液体、固体还是气体，都能用遥感技术进行感应和监测，所以即便是处于原始森林或山地中的流域，也能够通过遥感技术实现水环境监测。因此，在实际的监测过程中，遥感技术可以满足不同地区的水环境检测需要。

（三）整体性较强

水环境监测首先需要针对水域的污染状况、动植物状况以及流经面积等进行全面的收集，这样才能够保证后续作业的顺利进行。但是传统的环境监测手段一般覆盖面积较小且缺乏连续性，无法直观地展现水域的总体情况，在一定程度上制约了水环境监测作业的顺利开展。将遥感技术应用到水环境监测中，遥感设备能够进行立体动态监测，将监测结果通过直观的航空影像呈现出来，监测过程具有连续性，监测范围也较大，实现对水环境的全面监测。一方面，直观的成像展示更加方便后续的信息收集，简化了作业程序；另一方面，遥感设备能够实现对水环境的动态监测，持续地收集相关数据，方便后续治理作业的开展。

（四）手段丰富，效率较高

传统的监测手段较为单一，难以满足水环境监测的需要，而遥感技术利用电磁波进行信息收集，可根据不同水域的特点对波段和相关设备进行调整，能够很好地满足水环境监测的需要。在水环境监测作业过程中，相关人员可利用紫外线、红外线和微波等对水环境进行信息收集，这不仅能够对地表水的状况进行监测，还能够实现对地下水的信息收集。此外，遥感技术还实现了全天候作业，能够长时间地获取信息，而且获取信息的速度快、周期短，很大程度地推动了水环境监测效率的提升。

三、遥感技术在水环境监测中的应用策略

（一）应用在油污染监测中

在水环境监测中，油污染作为水环境的常见污染类型，严重影响着水环境生态，需要相关人员予以重视。现阶段的水环境油污染主要分为两种类型：一是在日常的生产生活环节没有将润滑油等进行处理就排放到河流中造成的水域污染，二是原油泄漏导致的大范围海洋污染。前者范围较小，一般容易控制；而后者范围较大，普通技术手段难以实现对其的监测。针对这种情况，可以在油污染监测中应用遥感技术。遥感设备能够对大面积的水环境进行实时监测，所以可以借助遥感设备对油污染的面积以及程度进行全面、高效的监测，并针

对油的类型以及特点进行分析，然后借助计算机对通过遥感设备获取的信息进行整理，建立相关模型，科学合理地查找污染源，进而为治理方案的制订提供依据。

（二）应用在水体富营养化监测中

随着经济社会的快速发展，工业化和农业化水平都实现了长足的进步，但在实际的作业过程中，工业废水及农药化肥残留可能随着地表径流流入河流中，造成水域某种营养成分不断地增加，引发水体的富营养化。富营养化会导致水生植物大量生长，这些植物在产生叶绿素的同时大量吸收水体中的氧气，造成其他水生生物大量死亡。而且这些植物还会覆盖水面，遮挡阳光，进一步影响水域的生态。要对水体的富营养化进行监测就需要借助遥感技术，相关人员可以利用遥感技术对水中的叶绿素含量进行监测。具体而言，就是首先利用可见光、红外光等进行光学监测，然后通过光谱分析计算水中叶绿素的占比，由此推断水体富营养化的程度，以方便后续的治理作业。

（三）应用在悬浮物监测中

在水环境监测中，水质的浑浊程度也是监测作业的重要内容，需要相关人员予以重视。在实际的水环境监测中，水中的悬浮物会对水质的光学特征产生较大影响，而使用微波遥感技术可以对目标水域中悬浮物的含量进行监测，以判断水质状况。相关人员需要结合实际的水质特点选择合适的微波波段，对相关数据进行收集并建立相关模型，然后根据水域的污染状况采取合适的治理方法。

（四）应用在热污染监测中

现代社会工业用水所排放的未经冷却处理的废弃热水也会对水环境造成很大的影响，因此需要对其进行监测。未经过处理的工业热水排放到水体中会使自然水体的温度上升，引起水体物理、化学和生物过程的变化，严重影响水生生物的存活。在此背景下，相关人员可借助遥感技术对其进行监测，利用红外传感器对水体的热量进行监测，获取多时相的热红外图像，并结合地面观测，对热污染状况进行分析。

水环境污染已经成为制约社会发展的关键因素，这就需要相关人员加强对水环境的监测，为水环境污染治理提供信息支撑。当前，相关人员虽然会利用遥感技术实现对水环境的监测，但是由于水环境十分复杂，再加上遥感技术的技术性较强，相关人员对其的运用还存在一些问题，在一定程度上制约着水环境监测事业的发展。因此，相关人员需要提高自身的技术水平，充分发挥遥感技术的功能。

第七节　三维荧光技术

一、三维荧光技术的测定原理

在室温下，大多数分子处于基态，当其受光（如紫外光）激发时，分子会吸收能量并进入激发态，但分子在激发态下不稳定，很快就跃迁回基态，这个过程伴随着能量的损失，其中过剩的能量便会以荧光的形式释放出来，即发光。物质的荧光性质与其分子结构有关，一般来说分子结构中有芳香环或有多个共轭双键的有机化合物较易发射荧光，而饱和或只有孤立双键的化合物不易发射荧光。物质的荧光强度（F）与激发光波长（E_x）、发射光波长（E_m）有关，二维荧光光谱是固定 E_x 或 E_m 不变，扫描改变另一个波长，得到 E_x 或 E_m 与 F 之间的关系，是一个一元函数。而三维荧光记录的是 E_x 和 E_m 同时改变时 F 的变化，是一个二元函数，也称为激发发射矩阵。

二、三维荧光技术测定结果的表征

三维荧光技术测定结果有两种表征方法：等强度指纹图和等距三维投影图。等强度指纹图是分别以激发光波长和发射光波长为横、纵坐标，平面上的点为样品荧光强度，由对应的 E_x 和 E_m 决定，用线将等强度的点联结起来，线越密表示荧光强度变化越快。等距三维投影图是用空间坐标 X、Y、Z 分别表示 E_x、E_m 和 F，与 XOY 面平行的区域表示无荧光，隆起的区域表示有荧光。相较于二维荧光，三维荧光光谱图蕴含更多的荧光数据，能更完整地描述物质的荧光特征，可用于多组分混合物的分析。但大分子的颗粒和胶体物质在受光激发时会出现散射现象，对荧光测定产生影响，常通过预处理（稀释待测溶液、扣除空白水样的三维荧光光谱、过滤等）来避免此影响。

三、三维荧光在水环境监测中的应用

（一）生活污水

生活污水中的污染物包括有机物（油脂、蛋白质、氨氮等）以及大量的病原微生物（寄生虫卵等）。施俊等结合平行因子分析法研究了扬州某生活污水处理厂进出水的三维荧光光谱特征，发现进水和出水中含有三个主要荧光组分，分别为类色氨酸、类酪氨酸和类腐殖质，对比进水与出水的三个主要荧光组分的变化就能了解污水处理效果。吴礼滨等对梅州市某生活污水处理厂的总进水、沉砂池出水、生化处理出水及总出水进行了三维荧光检测，并采用荧光区域积分法进行了解析，发现经生化处理后富里酸类物质、溶解性微生物代谢产物及腐殖酸类物质的荧光区域积分百分比降低，说明生化处理对这几类污染物产生了去除效果。

（二）工业废水

工业废水中的污染物种类繁多、成分复杂，常含有随废水流失的工业生产原料、中间产物、副产品以及生产过程中产生的污染物。王碧等分析了炼化废水和炼油废水中特征污染物的去除情况，其中炼化废水的特征荧光峰在水解酸化处理后消失，炼油废水的特征荧光峰在好氧处理后消失，表明水解酸化工序对炼化废水的特征污染物去除效果好，好氧工序对炼油废水的特征污染物处理效果好。王士峰对某印染厂废水进行了周期性的采样，发现所采集水样的三维荧光光谱的荧光峰数量和位置较为稳定，但强度不稳定，说明其中的有机物含量变化较大。

（三）雨水

于振亚等对比了道路雨水水样在金属离子（Cu^{2+}、Pb^{2+}和Cd^{2+}）滴定前后三维荧光的变化，发现添加Cu^{2+}和Pb^{2+}后，荧光猝灭，荧光峰的强度明显下降，表明雨水中类蛋白类物质与Cu^{2+}和Pb^{2+}之间发生了配位络合作用；而加入Cd^{2+}后，荧光峰的强度未发生明显变化，说明其中络合作用较弱。林修咏等构建了两套雨水防渗型生物滞留中试系统，利用荧光区域积分法解析显示，屋面径流有机污染集中在降雨初期，主要为类腐殖质，系统出流则为蛋白类物质和类腐殖质物质；在滞留带中种植植物对于蛋白类物质和类富里酸区域的荧光有机物均有较好的调控效果，但对于微生物代谢产物和类胡敏酸区域的调控效果稍差。

三维荧光光谱法具有监测快速、预处理简单、反应灵敏等优点，该方法不仅可以用于定量监测某些已知的单一污染物，还可以用于定量监测表征成分复杂、组分来源不明确的污染物。但三维荧光光谱中存在光谱重叠的问题，影响单一成分的提取和识别，若不结合其他计量解析方法使重叠的光谱分离开，会一定程度上影响结果的准确度。高效液相色谱与三维荧光的联用，能更准确地提供更丰富的荧光指纹。将矩阵分解与人工神经网络相结合，用于三维荧光光谱提取和多环芳烃识别效果良好。主成分回归法、偏最小二乘法和多维偏最小二乘法与三维荧光联用，可以提高三维荧光的精度。此外，若在传统的三维荧光数据中加入时间变量，组成四维数据，即可构成动态荧光光谱，这种动态荧光光谱能够反映物质随时间的演变过程，但目前在水环境监测中的应用还需要进一步研究。

第八节　水生态环境物联网智慧监测技术

一、水生态环境物联网智慧监测技术概述

（一）水生态环境物联网智慧监测技术发展概况

20 世纪 70 年代中期，随着美国国家环保局的成立，美国的水质监测工作开始向规范化、标准化方向全面过渡。在监测仪器方面，各种大型分析仪器向自动化、现代化方向快速发展；在监测网络方面，美国在全国范围内建立了覆盖各大水系的上千个自动连续监测网点，可随时对水温、pH 值、浊度、化学需氧量、生化需氧量、总有机碳等指标进行在线监测。20 世纪 80 年代以后，美国逐步形成了完善的水生态环境监测体系，更加注重对新型监测技术和设备的研发，在高性能传感器方面取得了重要进展。同时，基于物联网技术的发展，美国实施了"哈德森河水质监测项目""哥伦比亚河口观测项目""MARVIN

富营养化监测平台项目"等地表水环境管理项目，通过广泛、连续、动态地监测河流水力、水质和生态状态，实现了对河流的实时监测。欧洲、日本等发达地区和国家也建立了涵盖信息收集、决策和呈现三个层面的水质管理和预警系统，用于实时监测河流、湖泊水质状况。

20世纪80年代后期，我国开始从国外引进水质自动监测系统，对水环境开展实时动态监测，并基于物联网技术构建了污染源自动监控系统。环保领域由此成为我国最早应用物联网技术的领域之一。2013年，国内成功研制了基于物联网技术的智能水质自动监测系统，实现了对温度、色度、浊度、pH值、悬浮物、溶解氧、化学需氧量，以及酚、氰、砷、铅、铬、镉、汞等86项参数的在线自动监测，标志着我国水质监测进入物联网时代。例如，在长江流域，相关部门通过构建多个异构传感器有机互联的复杂监测网络，从不同维度进行信息采集，利用协同观测、多传感网数据同化与信息融合、数据采集与服务等关键技术，实现了对资源、环境灾害的动态监测，极大地增强了水环境监测的时空连续性；在太湖流域，相关部门构建了包括水质固定自动站监测、水质浮标自动站监测、蓝藻视频监测和卫星遥感监测等多种监测手段的水环境自动监测体系，通过物联网技术实现了对太湖水生态环境的立体、实时监测和预警。截至"十三五"末，我国已在重要河流的干支流、重要支流汇入口及河流入海口、重要湖库湖体及环湖河流、国界河流及出入境河流等建设了1 794个水质自动监测站，以物联网为平台构建了覆盖31个省级行政区、七大流域的国家地表水环境质量自动监测网络。

（二）水生态环境物联网智慧监测技术组成

水生态环境物联网智慧监测技术由水生态环境感知和信息获取、水生态环境监测数据传输、水生态环境监测数据智慧应用三部分组成，形成了从数据获取、数据传输、数据处理到智慧化应用的技术链条，可实现对水生态环境质量的全面智能化监测和综合展示。随着监测方法、数据传输与处理技术等的快速发展，水生态环境物联网智慧监测技术的内容组成也得到了不断丰富，能够为流域尺度水生态环境业务化监测的开展提供技术支撑，可提升水生态环境质量监测、管理决策的信息化水平。

二、水生态环境物联网智慧监测关键技术

（一）水生态环境感知技术

1.水生态环境感知传感器技术

感知层作为物联网架构体系的基础层，其主要功能是通过传感器网络获取环境信息。水生态环境监测物联网感知层主要由搭载各类传感器的监测仪器设备构成。"十一五"至"十三五"期间，经过各项科研攻关和产业化项目的实施，国产水质监测装备在检测性能及功能方面有了很大的提升，部分国产设备的综合性能已赶超进口仪器，自动监测系统集成、设备管理平台开发等方面的研究也取得了重要进展。但我国研发水生态环境监测设备的核心部件——传感器的水平，与发达国家相比仍存在差距，仍需对关键技术开展攻关。

水生态环境监测传感器主要分为化学传感器、物理传感器和生物传感器三种。化学传感器的测量周期长，需要定期进行人工维护，且添加的有毒化学物质会造成水体二次污染。物理传感器多采用光学或电化学方法，可以在数秒内完成整个测量流程，不需要添加试剂。随着精度的提高、稳定性的增强和寿命的延长，物理传感器被广泛应用于水体 pH 值、浊度、溶解氧、电导率、重金属、有机物和氮、磷等指标的测定。生物传感器直接利用生物与待检测物之间的相互作用来产生响应信号，具有良好的选择性和灵敏度，但稳定性弱、成本高。目前，生物传感器能够实现对水体生化需氧量、重金属、有机物等指标的在线监测，且随着高精度、低成本生物传感器的不断研发，生物传感器在水质检测领域展现出了良好的应用前景。此外，基于数字全息

的显微成像技术通过图像传感器识别水体中的微小生物及其状态，可为实时在线反映水生态状况提供新的技术手段；基于新型水生态环境核心传感器与自动测量、控制等技术的高度集成开发出的一系列适用于不同应用场景和业务需求的水生态环境监测集成技术及设备，可为我国水生态环境管理提供强有力的硬件支撑。

2.水生态环境感知集成技术

（1）自动在线监测技术

水生态环境自动在线监测技术主要包括固定式、浮标式和小型移动式三种集成形式。

固定式监测系统一般是指建设在固定房屋内的自动监测站。其仪器设备种类较多，监测数据的准确性较高，但占地面积大，建设和维护成本高，无法大量布置，且水样采集易受天气因素干扰，故主要用于地表水重要断面和重要点位的水质自动监测。固定式监测系统的在线监测仪器可实现监测数据实时传输，当然也可采用人工方式读取和记录监测数据。监测项目包括水温、pH 值、溶解氧、电导率、浊度、化学需氧量、生化需氧量、总有机碳、可溶性有机碳、UV_{254} 硝酸盐、亚硝酸盐、硫化氢、悬浮物、苯系物、色度、氨氮、总磷、总氮、高锰酸盐指数、重金属、叶绿素 a、蓝绿藻、磷酸盐、盐度、氯化物、氟化物、生物毒性、流量、液位等，此外还涉及视频、指纹图和光谱报警等。目前，同一水源的固定式监测系统存在监测范围小、数量少、位置固定等缺点，难以全面反映水质状况，故主要用于河流断面的考核监测、出入境断面监测、重要点位监测。

浮标式监测系统是由浮标、维护平台、传感器组、通信设备、供电系统、锚系等组成的自动监测站。其布置方式灵活，可以通过锚链固定在不同水域的水面上，能快速、准确地对水质进行监测并实时传输监测数据，抗环境干扰能力较强。浮标式监测系统多采用电极和光谱等方法获取监测数据，监测项目主要包括水温、pH 值、溶解氧、电导率、浊度、氨氮、硝酸盐氮、叶绿素 a、蓝绿藻等。该系统适用于水面面积大、难以建设观测站点、不易采用常规河道监测手段、需要快速开展污染监测和预警的水域，如近海、水库、湖泊、湿地、水源地等。

小型移动式监测系统通过可移动的在线监测设备对不同水域进行监测。其监测区域灵活，设备集成度高，可以实现实时监测、数据远程传输。因具备占地面积小和投资较少的特点，其主要适用于市内小型河流、景观河流和部分典型污染河流。由于移动式水质监测站的内部空间有限，故以常规五项参数、氨氮和化学需氧量等指标的电极法或光度法检测仪器为主。随着水质快速监测方法的发展，高性能的小型移动式监测系统可以实现对生化需氧量、总磷、总氮、叶绿素 a 等多个参数的在线实时监测，且占地面积不超过 1 m²。其中，化学需氧量的测定可采用紫外吸收法，氨氮的测定可采用离子选择性电极法或紫外吸收法。这些检测方法校准简便，无须更换试剂，但较易受水质干扰。

（2）应急快速监测技术

突发性水环境污染事故发生后，需对水生态环境受污染的程度和范围进行应急快速监测，监测设备主要包括便携式监测设备、移动式现场监测系统和水生生物在线监测系统。

基于光学、电化学、色谱、色谱-质谱联用等原理和技术开发出的便携式监测设备的种类多样，其特点是体积小、携带方便，能够满足现场快速定性和定量分析多种常规水质指标，以及检测未知污染物的需求。

移动式现场监测系统主要包括监测车和监测船两类。应急监测车配备独立的实验室工作系统，具备现场快速分析、数据处理和通信传输的功能，适用于野外现场采样、存储和分析。应急监测船是在水面完成现场采样和分析的平台，由船体、船载流动实验室、便携式应急监测仪器和应急防护设施等组成，具备移动监测、水上实验、快速预警等功能，可机动监测辖区内的水质状况。

水生生物在线监测系统可直接反映突发环境污染事件对水生态系统健康的影响，主要分为基于生物行为变化的在线监测系统（如摄像示踪监测系统和四极阻抗监测系统）和基于生物生理变化的在线监测系统（如发光菌在线监测系统和藻类荧光分析系统）两大类。其检测原理是通过传感器探测生物生理指标和行为强度的变化，或通过摄像技术连续观察、记录水生生物的行为变化，从而为突发环境事件中的水生态环境应急监测提供技术手段。

（二）水生态环境监测数据传输技术

1.数据传输技术的类型

有线传输方式在互联网和政府专网均有应用，主要通过光纤等有形媒质传送信息，且多用于传统的固定式监测站监测仪器设备之间的数据传输。有线传输方式需要施工安装，对于老旧监测设备而言，其改造成本较高，而移动数据的获取成本在逐年降低，因此越来越多的监测项目采取无线传输的方式来降低施工复杂度。尽管如此，有线传输在以下两个方面仍然具备明显的优势：一是数据稳定性。有线传输比无线传输更加稳定可靠，特别是在高频、大数据量传输时更加明显。二是专网传输。有线传输很容易实现专网部署和数据隔离，且成本低廉；无线传输虽然可以通过远距离无线电（long range radio, LoRa）等技术实现专网，但部署复杂且成本较高。

无线传输分为无线局域网和无线广域网两大类。其中，无线局域网主要包括 Wi-Fi、蓝牙和 ZigBee 等方式，无线广域网主要包括 2G/4G/5G、LoRa、窄带物联网（narrow band Internet of things, NB-IoT）等方式。新型无线传输技术能够覆盖更广阔的区域，适应更复杂的环境，尤其是近年来低功耗无线传输技术的快速发展，使其在水环境监测中具有更好的应用前景。

在无线局域网中，Wi-Fi 是使用比较普遍的通信方式。Wi-Fi 传输速率较快，但通信距离短、范围小、功耗高，适用于小范围、近距离组网。与 Wi-Fi 相比，蓝牙的安全性相对较高，但传输速度过慢，适合短时、近距离组网。ZigBee 功耗较低，同时具有多跳、自组织的特点，容易扩展传感器网络的覆盖范围，但其传输速率较慢。

在无线广域网中，低功率广域网络因具备功耗和运营成本低、节点容量大等优点，而得到了快速应用，主要以 LoRa 和 NB-IoT 为代表。其中，LoRa 功耗低、续航时间长，适用于低成本、大数量连接；NB-IoT 安全性较高，适用于超大数量连接。4G、5G 移动通信技术使以图像、音频为代表的大文件传输成为现实，进一步扩充了信息的维度。无线传感器网络和卫星遥感的集成技术，则充分发挥了无线传感器网络获取局部地面信息的翔实性，以及遥感技术获取大面积环境信息的方便性。

2.数据传输技术的选择

水生态环境感知仪器设备的类型多样，且其项目应用通常涉及地理范围广、系统结构复杂、运行效率要求高等情况，因而需根据项目的实际需求和现场情况，综合考虑仪器设备功耗、人员值守、数据流量等因素，进而选择高效、稳定、可靠的网络传输系统。

3.数据传输安全技术

在水生态环境监测数据传输过程中，保障所获取数据的真实性、有效性和完整性，是后续实际应用的重要前提。数据传输安全是指在源头采集到的数据能够安全、可靠、稳定地传输到云端，包括数据传输链路安全、数据内容安全、数据完整性保证三个方面。在数据传输过程中，目前多采用安全传输层协议（transport layer security, TLS）进行传输链路加密，保障数据传输安全。随着加密算法的改进，TLS 技术不断更新，使得加密速度更快，数据链路不容易被窃听，数据传输更加安全。早期受到前端感知设备芯片性能的限制，不能对直接采集的数据进行实时加密，无法保障数据内容的安全性。后期随着嵌入式技术的发展，在采集设备上实现了采用高级加密标准（advanced encryption standard, AES）等对称加密技术来保障数据内容的安全。目前常采用 AES128 或 AES256 技术对采集到的数据进行实时加密。对于数据传输时遇到的断网、延迟等各种问题，物联网系统基于良好的确认和重发机制，能够保证每个数据片段不丢失、不乱序，使数据最大限度地安全到达云端，保证数据的完整性。但同时，确认和重发机制可能会影响物联网系统的响应速度和并发量，需要根据不同的应用场景找到最佳平衡点。

三、水生态环境物联网智慧监测技术在环境管理中的应用

基于感知层和传输层构建的水生态环境物联网智慧监测系统，可通过业务应用平台对海量监测数据进行综合分析和智慧化应用，能够实现水生态环境实时监测和预警、水生态环境治理效能管理等功能，提升我国水生态环境管理的水平。

（一）水生态环境实时监测和预警

采用基于传感器、传输网络和应用终端构建的物联网系统对河湖水质进行实时监测和预警，是物联网在水生态环境监测中的基础应用模式。例如，张娜等设计了一种基于物联网的水质监测系统，显著提高了系统的采样精度，并解决了定时定点采集数据耗费大量人力、物力的问题。杨一博等采用 LoRa 技术搭建河流水质监测网络的设计方案，能同时满足低功耗与广覆盖两方面需求，可实现对大流域面积水体水质的实时监测，有助于改善偏僻地区流域水质数据的自动化管理。李涛等采用 LoRa 通信技术建立了一种基于窄带物联网的水上环境监测系统，该系统由移动感知终端、传感网络及应用客户端三部分组成，能够实现对中小型水域污染情况的监测和预警。姚跃针对上海市金山区开发了一套基于物联网的水质监测管理系统，整个系统以新型浮标为载体进行数据采集，用于监测主要河道的水质。丹江口库区水质自动监测系统采用物联网技术，在点、线、面源的适当位置安装各种水质自动监测仪器、数据采集传输设备，通过多种有线和无线方式与监控中心的通信服务器相连，实现了 24 h 在线实时通信，用以更好地进行水质监测、水量调配等应用，以及大规模的信息处理和共享。杨宏伟等采用物联网技术，对遥感水质参数的定量反演方法、中程无线传感网络技术和藻类水华预测预警模型进行

了改进，开发出了太湖蓝藻预测预警平台。

（二）水生态环境治理效能管理

将物联网监测系统应用于水生态环境治理，有助于加强对水体治理效果的维护和管理，可有效防控潜在的环境风险。例如，在北运河香河段水环境治理工程中，路倩倩等构建了北运河香河段生态环境物联网管理体系框架，建成了多个生态环境物联网子系统，以通过流域水体感知单元同步感知整治效果及整治过程，及时发现污染威胁，防控整治过程中的环境风险，促进多方参与到流域管理工作中来。王连强等提出将物联网与人工智能技术应用于水生态环境整治过程中，以实现水生态环境治理过程的多参数监测、治理模型耦合模拟和智能决策。袁峰等在某市河流水环境综合治理项目的设计中，采用了"全流域联动联调智能动态管理"理念，通过智能设备实时感知水环境状态、采集水务信息，并基于统一融合的公共管理平台，以更加精细、动态的方式感知和管理河流水环境。

四、水生态环境物联网智慧监测技术的发展前景

在感知技术方面，物联网系统的前端感知设备是开展环境监测的基础和数据源，也是整个系统的核心部件，感知终端的精度直接影响着整个系统的性能。与进口设备相比，国产仪器在精度、准确度方面仍然存在差距，仍需继续加强关键技术研发。此外，随着"三水统筹"管理理念的提出，水生态相关的感知设备，如藻类、浮游生物在线监测仪器等，也将成为监测设备研发和应用的重要方向。

在通信技术方面，现有的无线传输网络存在数据传输速率慢且时延高、数据处理效率低、数据挖掘深度不足等缺点，越来越难以满足规模日益增长且要求日益提高的监测业务的需求。未来，5G 的广泛应用将推动物联网技术在水

生态环境监测领域的快速发展。基于 5G 的水生态环境物联网智慧监测技术可以实现全时、全景、全数据回传，实现数据精确分析和智能处理；可以实现泛在互联，以及生态环境监测终端的网络化、小型化和智能化，极大地提高水生态环境监测的覆盖度。

随着精准灵敏的水生态感知技术、多源异构数据和设备融合技术、高速通信技术、高效数据智慧应用技术的不断发展，水生态环境监测物联网智慧监测技术在要素全面感知、数据高效处理和业务智慧应用方面的综合效果将会得到进一步的提升，进而通过构建数字化、网络化和智慧化的水生态环境物联网监测系统，实现"空天地"一体化的水生态环境质量实时远程监测和智能预报预警，为水生态环境管理提供覆盖范围更广、类型更多样的区域化监测监管手段。

第四章 水环境监测流程

第一节 水环境监测方案制订

一、地表水监测方案制订

（一）基础资料的收集

在制订监测方案之前，应尽可能完备地收集监测水体及其所在区域的有关资料，具体如下：

（1）水体沿岸城市分布、工业布局、污染源及其排污情况、城市给排水情况等。

（2）水体沿岸的资源现状、水资源的用途、饮用水源分布、重点水源保护区、水体流域土地功能及近期使用计划等。

（3）历年的水质资料等。

（4）水资源的用途、饮用水源分布和重点水源保护区。

（5）实地勘查现场的交通情况、河宽、河床结构、岸边标志等。对于湖泊，还需了解生物特点、沉积物特点、间温层分布、容积、平均深度、等深线和水更新时间等。

（6）收集原有的水质分析资料，或在需要设置断面的河段上设若干调查断面，进行采样分析。

（二）监测断面和采集点的设置

在对调查研究结果和有关资料进行综合分析的基础上，相关部门应根据监测目的和监测项目，并考虑人力、物力等因素来确定监测断面和采样点；同时，还应考虑实际采样时的可行性和方便性。

1.监测断面的设置原则

在设置监测断面时，应主要考虑水质变化较为明显、特定功能水域或有较大参考意义的水体。具体来讲，监测断面的设置原则主要包括以下六条：

（1）应设置在有大量废水排入河流的主要居民区、工业区的上游和下游。

（2）应设置在湖泊、水库、河口的主要入口和出口。

（3）应设置在较大支流汇合口上游和汇合后与干流充分混合处、入海河流的河口处、受潮汐影响的河段和严重水土流失区。

（4）应设置在国际河流出入国境线的出入口处。

（5）应设置在饮用水源区、水资源集中的水域、主要风景游览区、水上娱乐区及重大水利设施所在地等功能区。

（6）应尽可能与水文测量断面重合，并要求交通方便、有明显的岸边标志。

总之，地表水监测断面的设置应根据掌握的水环境质量状况的实际需要，在了解、优化污染物时空分布和变化规律的基础上，以最少的断面、垂线和测点取得代表性最好的监测数据。

2.河流监测断面的设置

对于江、河水系或某一河段，应设置对照断面、控制断面、削减断面、背景断面。

（1）对照断面是为了解流入监测河段前的水体水质状况而设置的。这种断面应设在河流进入城市或工业区以前的地方，且一个河段一般只设一个对照断面，有主要支流时可酌情增加。

（2）控制断面是为评价、监测河段两岸污染源对水体水质的影响而设置的。控制断面的数目应根据城市的工业布局和排污口分布情况而定，断面的位置与废水排放口的距离应根据主要污染物的迁移、转化规律，河水流量和河道水力学特征确定，一般设在排污口下游 500～1 000 m 处。这是因为在排污口下游 500 m 横断面上的 1/2 宽度处重金属浓度一般出现高峰值。在特殊要求的地区，如水产资源区、风景游览区、自然保护区、与水源有关的地方病发病区、严重水土流失区及地球化学异常区等的河段上也应设置控制断面。

（3）削减断面是指河流收纳废水和污水后，通过稀释扩散和自净作用，使污染物浓度显著下降，其左、中、右三点浓度差异较小的断面。削减断面通常设置在城市或工业区最后一个排污口下游 1 500 m 以外的河段上，但水量小的小河流应视具体情况而定。

（4）背景断面是为了取得水系和河流的背景监测值而设置的。这种断面上的水质要求基本未受人类活动的影响，即背景断面应设置在清洁河段上。

3.河流采样点位的确定

设置监测断面后，应根据水面的宽度确定断面上的采样垂线，再根据采样垂线的深度确定采样点的位置和数目。在一个监测断面上设置的采样垂线数与各垂线上的采样点数应符合表 4-1 和表 4-2 的要求，湖（库）监测垂线上采样点数的设置应符合表 4-3 的要求。

表 4-1　采样垂线数的设置

水面宽	垂线数	说明
≤50 m	一条（中泓）	1.垂线布设应避开污染带，要测污染带应另加垂线；
50～100 m（不含 50 m 含 100 m）	两条（近左、右岸有明显水流处）	2.确能证明该断面水质均匀时，可仅设中泓垂线；
>100 m	三条（左、中、右）	3.凡在该断面要计算污染通量时，必须按本表设置垂线

表 4-2 采样垂线上采样点数的设置

水深	采样点数	说明
≤5 m	上层一点	1.上层指水面下 0.5 m 处，水深不到 0.5 m 时，在水深 1/2 处；
5～10 m（不含 5 m 含 10 m）	上、下层两点	2.下层指河底以上 0.5 m 处； 3.中层指 1/2 水深处； 4.封冻时在冰下 0.5 m 处采样，水深不到 0.5 m 时，在水深 1/2 处采样；
>10 m	上、中、下三层三点	5.凡在该断面要计算污染物通量时，必须按本表设置采样点

表 4-3 湖（库）监测垂线上采样点数的设置

水深	分层情况	采样点数	说明
≤5 m	—	一点（水面下 0.5 m 处）	1.分层是指湖水温度分层状况；
5～10 m（不含 5 m 含 10 m）	不分层	两点（水面下 0.5 m，水底上 0.5 m 处）	2.水深不足 1 m，在 1/2 水深处设置测点；
5～10 m（不含 5 m 含 10 m）	分层	三点（水面下 0.5 m，1/2 斜温层，水底上 0.5 m 处）	3.有充分数据证实垂线水质均匀时，可酌情减少测点
>10 m	—	除水面下 0.5 m、水底上 0.5 m 外，按每一斜温分层 1/2 处设置	

4.湖泊、水库监测垂线的布设

湖泊、水库通常只设监测垂线，如有特殊情况可参照河流的有关规定设置监测断面。具体要求如下：

（1）污染物影响较大的重要湖泊、水库，应在污染物的主要输送路线上设置控制断面。

（2）湖（库）区的不同水域，如进水区、出水区、深水区、浅水区、湖心区、岸边区，应按水体类别设置监测垂线。

（3）湖（库）区若无明显功能区别，可用网格法均匀设置监测垂线。

垂线上采样点位置和数目的确定方法与河流相同。如果存在间温层，应先测定不同水深处的水温、溶解氧等参数，确定成层情况后再确定垂线上采样点的位置。

监测断面和采样点的位置确定后，其所在位置应该固定明显的岸边天然标志。如果没有天然标志物，则应设置人工标志物，如竖石柱、打木桩等。每次采样要严格以标志物为准，使采集的样品取自同一位置，以保证样品的代表性和可比性。

5.采样时间和采样频率的确定

为使采集的水样具有代表性，能够反映水质在时间和空间上的变化规律，必须确定合理的采样时间和采样频率，力求以最低的采样频次，取得最有时间代表性的样品，这既要满足能反映水质状况的要求，又要切实可行。具体要求如下：

（1）饮用水源地、省（自治区、直辖市）交界断面中需要重点控制的监测断面每月至少采样1次。

（2）国控水系、河流、湖、库上的监测断面，逢单月采样1次，全年6次。

（3）水系的背景断面每年采样1次。

（4）受潮汐影响的监测断面采样，分别在大潮期和小潮期进行。每次采集的涨、退潮水样应分别测定。涨潮水样应在断面处水面涨平时采样，退潮水样应在水面退平时采样。

（5）如某必测项目连续3年均未检出，且在断面附近确定无新增排放源，而现有污染源排污量未增的情况下，每年可采样1次进行测定。一旦检出，或在断面附近有新的排放源或现有污染源有新增排污量时，即恢复正常采样。

（6）国控监测断面（或垂线）每月采样1次，在每月5～10 d内进行采样。

（7）遇有特殊自然情况或发生污染事故时，要随时增加采样频次。

二、水污染源监测方案制订

（一）采样前的调查研究

要想保证采样地点、采样方法可靠并使水样有代表性，就必须在采样前进行调查研究工作。采样前的调查研究工作主要包括以下几个方面的内容：

（1）调查工业用水情况。工业用水一般分为生产用水和管理用水。生产用水主要包括工艺用水、冷却用水、漂白用水等。管理用水主要包括地面与车间冲洗用水、洗浴用水、生活用水等。对于工业用水情况，需要调查清楚工业用水量、循环用水量、废水排放量、设备蒸发量和渗漏损失量。在调查过程中，可用水平衡计算法和现场测量法估算各种用水量。

（2）调查工业废水类型。工业废水可分为物理污染废水、化学污染废水、生物及生物化学污染废水、混合污染废水等。对于工业废水，应通过对生产工艺的调查，计算出排放水量并确定需要监测的项目。

（3）调查工业废水的排污去向。调查内容包括：①车间、工厂或地区的排污口数量和位置；②直接排入还是通过渠道排入江、河、湖、库、海中，是否有排放渗坑。

（二）采样点的设置

水污染源一般经管道或沟、渠排放，截面面积比较小，不需要设置断面，直接确定采样点位即可。

1.工业废水的采样点设置

对于工业废水采样点的设置，具体要求如下：

（1）在车间或车间处理设备的废水排放口设置采样点，测定第一类污染物。所谓第一类污染物，即毒性大、对人体健康产生长远不良影响的污染物。这类污染物主要包括汞、镉、砷、铅及它们的无机化合物，六价铬的无机化合物，有机氯和强致癌物质等。

（2）在工厂废水总排放口布设采样点，测定第二类污染物。所谓第二类污染物，即除第一类污染物之外的所有污染物。这类污染物包括悬浮物、硫化物、挥发酚、氧化物、有机磷、石油类、铜、锌、硝基苯类、苯胺类等。

（3）已有废水处理设施的工厂，在处理设施的排放口布设采样点。为了解对废水的处理效果，可在进水口和出水口分别设置采样点。

（4）在排污渠道上，采样点应设在渠道较直、水量稳定、上游没有污水汇入处。

（5）某些二类污染物的监测方法尚不成熟，在总排污口处布点采样，因干扰物质多会影响监测结果。这时，应将采样点移至车间排污口，按废水排放量的比例折算成总排污口废水中的浓度。

2.生活污水和医院污水的采样点设置

生活污水和医院污水的采样点应设在污水总排放口。对于污水处理厂，应在进水口、出水口分别设置采样点采样监测。

（三）采样时间和频率的确定

1.监督性监测

地方环境监测站对污染源的监督性监测每年不少于1次，被国家或地方环境保护行政主管部门列为年度监测重点的排污单位，应增加到2～4次。因管理或执法的需要而进行的抽查性监测或企业的加密监测由各级环境保护行政主管部门确定。

生活污水每年采样监测2次，春、夏季各1次。医院污水每年采样监测4次，每季度1次。

2.企业自我监测

工业废水按生产周期和生产特点确定监测频率。一般每个生产日至少3次。排污单位为了确认自行监测的采样频次，应在正常生产条件下的一个生产周期内进行加密监测。周期在 8 h 以内的，每小时采 1 次样；周期大于 8 h 的，每 2 h 采 1 次样。每个生产周期采样次数不少于 3 次，采样的同时测定流量，根据加密监测结果，绘制污水污染物排放曲线（浓度-时间、流量-时间、总量-时间），并与所掌握资料对照，如基本一致，即可据此确定企业自行监测的采样频次。根据管理需要进行污染源调查性监测时，也按此频次采样。

排污单位如有污水处理设施并能正常运转，使污水稳定排放，则污染物排放曲线比较平稳，监督监测可以采瞬时样。对于排放曲线有明显变化的不稳定排放污水，要根据曲线情况分时间单元采样，再组成混合样品。正常情况下，混合样品的单元采样不得少于两次。如排放污水的流量、浓度甚至组分都有明显变化，则在各单元采样时的采样量应与当时的污水流量成正比，以使混合样品更有代表性。

三、地下水水质监测方案制订

（一）调查研究和收集资料

具体内容如下：

（1）收集、汇总监测区域的水文、地质、气象等方面的有关资料和以往的监测资料，如地质图、剖面图、测绘图、水井的成套参数、含水层、地下水补给、径流和流向，以及温度、湿度、降水量等。

（2）调查监测区域内城市发展、工业分布、资源开发和土地利用情况，尤其是地下工程规模、应用等；了解化肥和农药的施用面积和施用量；查清污水灌溉、排污、纳污情况和地表水污染现状。

（3）测量或查知水位、水深，以确定采水器和泵的类型、所需费用和采样程序。

（4）在完成以上调查的基础上，确定主要污染源和污染物，并根据地区特点与地下水的主要类型把地下水分成若干个水文地质单元。

（二）采样点的设置

由于地质结构复杂，地下水采样点的设置也比较复杂，自监测井采集的水样只代表含水层平行和垂直的一小部分，所以必须合理地选择采样点。

1.地下水采样井布设原则

（1）全面掌握地下水资源质量状况，对地下水环境进行监视、控制。

（2）根据地下水类型与开采强度分区，以主要开采层为主布设，兼顾深层和自流地下水。

（3）尽量与现有地下水水位观测井网相结合。

（4）采样井布设密度为主要供水区密，一般地区稀；城区密，农村稀；污染严重区密，非污染区稀。

（5）不同水质特征的地下水区域应布设采样井。

（6）专用站按监测目的与要求布设。

2.地下水采样井布设方法与要求

（1）在下列地区应布设采样井：①以地下水为主要供水水源的地区；②饮水型地方病（如高氟病）高发地区；③污水灌溉区、垃圾堆积处理场地区及地下水回灌区；④污染严重区域。

（2）平原（含盆地）地区地下水采样井布设密度一般为 1 眼/200 km²，重要水源地或污染严重地区可适当增加布设密度；沙漠区、山丘区、岩溶山区等可根据需要，选择典型代表区布设采样井。

（3）根据区域水文地质单元状况，视地下水为主要生活用水来源的地区，可在垂直于地下水流的上方设置一个至数个背景值监测井。或者根据本地区地下水流向、污染源分布状况及活动类型与分布特征，采用网格法或放射法布设。

（4）多级深度井应沿不同深度布设数个采样点。

（三）采样时间与频率的确定

（1）背景井点每年采样 1 次。

（2）全国重点基本站每年采样 2 次，丰、枯水期各 1 次。

（3）地下水污染严重的控制井，每季度采样 1 次。

（4）在以地下水作生活饮用水源的地区每月采样 1 次。

（5）专用监测井按设置目的与要求确定。

第二节 水样的分类、采集、保存与运输

一、水样的分类

为了判断水质，要在规定的时间、地点或特定的时间间隔内测定水的某些参数，如无机物、溶解矿物质、溶解有机物、溶解气体、悬浮物或底部沉积物的浓度。

水质采集技术要根据具体情况而定，有些情况只需在某点瞬时采集样品，而有些情况要用复杂的采样设备进行采样；静态水体和流动水体的采样方法不同，应加以区别；瞬时采样和混合采样均适用于静态水体和流动水体，而周期采样和连续采样只适用于流动水体。

（一）瞬时水样

从水体中不连续地随机采集的样品称为瞬时水样。对于组分较稳定的水

体，或水体的组分在相当长的时间和相当大的空间范围变化不大时，采集的瞬时样品具有较好的代表性。当水体的组分随时间发生变化时，则要在适当的时间间隔内进行瞬时采样，分别进行分析，测出水质的变化程度、频率和周期。

下列情况适用地表水瞬时采样：

（1）流量不固定、所测参数不恒定时（如采用混合样，会因个别样品之间的相互反应而掩盖它们之间的差别）。

（2）水的特性相对稳定。

（3）需要考察可能存在的污染物，或要确定污染物出现的时间。

（4）需要污染物最高值、最低值或变化的数据时。

（5）需要根据较短一段时间内的数据确定水质的变化规律时。

（6）在制订较大范围的采样方案前。

（7）测定某些不稳定的参数，如溶解气体、余氯、可溶性硫化物、微生物、油类、有机物和 pH 值时。

（二）混合水样

在水体中同一采样点处以流量、时间、体积为基础，按照已知比例（间歇的或连续的）混合在一起的样品，称为混合水样。

混合水样混合了几份单独水样，可减少监测分析工作量，节约时间，减少试剂损耗。混合水样提供了组分的平均值，以确保混合后数据的正确性。若测试成分在水样储存过程中易发生明显变化，则不适用混合水样法，如测定挥发酚、硫化物等。

（三）综合水样

将从不同采样点同时采集的瞬时水样混合为一个样品，称作综合水样。综合水样的采集包括两种情况：在特定位置采集一系列不同深度的水样（纵断面样品）；在特定深度采集一系列不同位置的水样（横截面样品）。综合水样是获得平均浓度的重要方式。

除以上几种常用的水样类型外，还有周期水样、连续水样、大体积水样等。

二、水样的采集

（一）采样的相关介绍

采样器材：采样器材主要有采样器和水样容器。采样器包括聚乙烯塑料桶、单层采水瓶、直立式采水器、自动采样器。水样容器包括聚乙烯瓶（桶）、硬质玻璃瓶和聚四氟乙烯瓶。聚乙烯瓶用于大多数无机物的样品，硬质玻璃瓶用于有机物和生物样品，聚四氟乙烯瓶用于微量有机污染物（挥发性有机物）样品。

采样量：在地表水质监测中通常采集瞬时水样，采样量应参照规范要求，即考虑重复测定和质量控制需要的量，并留有余地。

采样方法：在可以直接汲水的场合，可用适当的容器采样，如在桥上等地方将系着绳子的水桶投入水中汲水，但要注意不能混入漂浮于水面上的物质；在采集一定深度的水时，可用直立式或有机玻璃采水器。

（二）采样的注意事项

（1）采样时不可搅动水底的沉积物。

（2）采样时应保证采样点的位置准确，必要时用定位仪定位。

（3）认真填写采样记录表。

（4）在采样结束前，应核对采样方案、记录和水样是否无误，若有误要补采。

（5）测定油类水样，应在水面至 300 mm 范围内采集柱状水样，并单独采集，全部用于测定，采样瓶不得用采集水样冲洗。

（6）测定溶解氧、生化需氧量和有机污染物等项目时，水样必须注满容器，不留空间，并用水封口。

（7）如果水样中含沉降性固体，如泥沙等，应分离除去。分离方法为：将所采水样摇匀后倒入筒形玻璃容器，静置 30 分钟，将不含沉降性固体但含有悬浮性固体的水样移入盛样容器，并加入保存剂。测定总悬浮物和油类除外。

（8）测定油类、BOD_5（五日生化需氧量）、溶解氧、硫化物、余氯、粪大肠菌群、悬浮物、挥发性有机物、放射性等项目要单独采样。

（9）降雨与融雪期间地表径流的变化，也是影响水质的因素，在采样时应予以注意，并做好采样记录。

（三）采样记录

样品注入样品瓶后，按照国家相关规定执行。采样资料至少应该提供以下信息：测定项目；水体名称；采样地点；采样方式；水位或水流量；气象条件；水温；保存方法；样品的表观（悬浮物质、沉降物质、颜色等）；有无臭气；采样时间；采样人姓名。

三、水样的保存与运输

（一）水样变化的原因

从水体中取出具有代表性的样品与到实验室分析测定的时间间隔中，原来的各种平衡可能遭到破坏。贮存在容器中的水样，在以下三种作用下会影响测定结果：

1.物理作用

光照、温度、静置或震动、敞露或密封等保存条件，以及容器的材料，都会影响水样的性质，如：温度升高或强震动会使得易挥发成分挥发损失；样品容器内壁能不可逆地吸附或吸收一些有机物或金属化合物等；待测成分从器壁上、悬浮物中溶解出来，导致成分浓度改变。

2.化学作用

水样及水样各组分可能发生化学反应，从而改变某些组分的含量与性质。例如，空气中的氧能使 Fe^{2+}、S^{2-}、CN^-、Mn^{2+} 等被氧化，Cr^{6+} 被还原等。

3.生物作用

细菌、藻类及其他生物体的新陈代谢会消耗水样中的某些组分，产生一些新的组分，改变一些组分的性质。生物作用会对样品中的待测物质如溶解氧、含氮化合物、磷等的含量及浓度产生影响，如硝化菌的硝化和反硝化作用，会导致水样中氨氮、亚硝酸盐氮和硝酸盐氮的转化。

（二）容器选择

在选择样品容器时，应考虑组分之间的相互作用、光分解等因素，还应考虑生物活性。对于样品容器，最常遇到的问题是样品容器清洗不当、容器自身材料对样品的污染和容器壁上的吸附作用。

（1）一般的玻璃瓶在贮存水样时可溶出钠、钙、镁、硅、硼等元素，故在测定时应避免使用玻璃容器。

（2）容器的化学和生物性质应该是惰性的，以防止容器与样品组分发生反应。例如，在测定氟时，水样不能贮存在玻璃瓶中，因为玻璃会与氟发生反应。

（3）对光敏物质可使用棕色玻璃瓶。

（4）一般玻璃瓶适用于有机物和生物品种，塑料容器适用于含玻璃主要成分元素的水样。

（5）待测物吸附在样品容器上也会引起误差，尤其是测定痕量金属；其他待测物如洗涤剂、农药、磷酸盐也会因吸附而产生误差。

（三）贮存方法

1.充满容器或单独采样

在采样时，使样品充满容器，并用瓶盖拧紧，使样品上方没有空隙，可以防止 Fe^{2+} 等被氧化，并尽量减少氰、氨及挥发性有机物的挥发损失。对悬浮物等定容采样保存，并全部用于分析，即可防止因样品分层或吸附在瓶壁上而影响测定结果。

2.冷藏

在大多数情况下，将样品在 $1\sim5$ ℃条件下冷藏并保存在暗处，就足够了。但需要注意的是，不能长期冷藏保存，废水可冷藏保存的时间更短。

3.过滤

采样后，用滤器（聚四氟乙烯滤器、玻璃滤器）过滤样品，可以去除其中的悬浮物、沉淀、藻类及其他微生物。选择的滤器要注意与分析方法相匹配，用前应清洗并避免吸附、吸收损失。因为各种重金属化合物、有机物容易吸附在滤器表面，滤器中的溶解性化合物如表面活性剂会滤到样品中，所以一般测有机物样品时选用砂芯漏斗和玻璃纤维漏斗，而测无机项目时常用 0.45 μm 有机滤膜过滤。

过滤样品的目的是区分被分析物的可溶性和不可溶性的比例（如可溶和不可溶金属部分）。

4.添加保存剂

（1）添加酸性或碱性试剂：例如，测定金属离子的水样常用硝酸酸化，既可以防止重金属的水解沉淀，又可以防止金属在器壁表面上的吸附，同时还能抑制生物活动；测定氰化物的水样需加氢氧化钠，这是由于多数氰化物活性很强且不稳定，当水样偏酸性时，会产生氰化氢而逸出。

（2）加入抑制剂：例如，在测酚水样中加入硫酸铜，可控制苯酚分解菌的活动。

（3）加入氧化剂：例如，水样中的痕量汞易被还原，引起汞的挥发性损失，研究表明，加入硝酸-重铬酸钾溶液可使汞维持在高氧化态，汞的稳定性会得到大大的增强。

（4）加入还原剂：例如，测定硫化物的水样，加入抗坏血酸对保存有利。

所加入的保存剂有可能改变水中组分的物理或化学性质，因此选用保存剂要考虑其对测定项目的影响。如果待测项目是溶解态物质，酸化会引起胶体组分和固体的溶解，则必须在过滤后再酸化保存。此外，必须做保存剂空白试验，并对结果加以校正。

（四）有效保存期

水样有效保存期的长短取决于以下几个因素：

（1）待测物的物理、化学性质：稳定性好的成分，水样保存期就长，如钾、钠、钙、镁、硫酸盐、氯化物、氟化物等；不稳定的成分，水样保存期就短，甚至不能保存，须取样后立即分析或现场测定，如 pH 值、电导率、色度应在现场测定，BOD、COD、氨、硝酸盐、酚、氰应尽快分析。

（2）待测物的浓度：一般来说，待测物的浓度高，保存时间就长，否则保存时间就短。大多数成分在 10° 级溶液中是很不稳定的。

（3）水样的化学组成：清洁水样保存期长些，而复杂的生活污水和工业废水保存时间短些。

（五）水样的运输

水样采集后，除现场测定项目外，应立即送回实验室。在运输前，应将容器的盖子盖紧，同一采样点的样品应装在同一包装箱内，如需分装在两个或几个箱子中，则需在每个箱内放入相同的现场采样记录表。应在每个水样瓶上贴上标签，标签的内容包括：采样点编号、采样时间、测定项目、保存方法及保存剂种类。在运输途中如果水样超出了保质期，那么样品管理员应对水样进行检测；如果决定仍然进行分析，那么在出报告时应明确标出采样和分析时间。

第三节 水环境监测数据审核

一、水环境监测数据审核任务

在水环境监测分析过程中，影响分析质量的因素既有点位布设、采样质量、试样保存与处理，也有检测系统、检测环境、分析方法以及分析操作者的素质等。诸多因素相互作用的结果，决定着水环境监测数据的质量，其在如实反映水环境质量状况、判断企业的污染物排放是否达标、污染纠纷仲裁和污染事故调查处理等过程中起着关键作用。因此，从水环境监测数据中剔除异常数据、修正不合理数据，是水环境监测数据审核的主要任务。

二、水环境监测数据审核重点

从质量保证和质量控制的角度出发，为了使水环境监测数据能够准确反映水环境质量的状况，预测污染的发展趋势，要求水环境监测数据具有代表性、精密性、准确性、可比性和合理性、完整性。水环境监测结果的"五性"反映了对监测工作的质量要求。在进行水环境监测数据审核时，应围绕"五性"对监测过程的各个环节进行审核，以保证监测数据的准确可靠。

（一）代表性审核

水环境监测数据代表性主要是指在具有代表性的时间、地点，按规定的采样要求采集样品，样品必须能反映水环境监测要素总体的真实状况，水环境监测数据能真实代表某污染物在试样中的存在状态和水环境质量状况或污染源的排放情况。任何污染物在水环境中的分布不可能十分均匀，要使水环境监测

99

数据如实反映水环境质量现状和污染源的排放情况，就必须充分考虑所测污染物的时空分布。因此，应仔细审核采样点位的布设是否合理、取样方法是否存在问题等，以便及时发现不合理数据，确保所采集的试样具有代表性。

（二）精密性审核

精密性是指使用特定的分析程序，在受控条件下重复分析测定均一样品所获得的测定值之间的一致性程度。精密性审核就是通过对获得的水环境监测数据进行分析，对一个方法能否用于分析、一个经过改进的方法能否被接受、操作者对分析方法的运用情况等做出全面评价。精密性审核是实验室分析质控程序与质控指标体系的关键。

样品分析中的精密性控制程序主要包括：第一，每批分析样品（最多 20个）中必须做 10%～20%的现场平行双样和室内平行样，其平行结果的相对偏差应在《水环境监测规范》（SL 219—2013）规定的"水样测定值的精密度和准确度允许差"之内，以证明水环境监测数据结果的精密性；第二，在一个计量认证周期内至少应选容量法和比色法各一个项目做精密度偏性分析质量控制试验，通过对空白溶液、标准溶液（浓度可选在校准曲线上限浓度值的 0.1 倍和 0.9 倍）、实际水样、加标实际水样的测定，将得到的数据进行处理，求得各自批内、批间和总标准偏差，由此判断分析方法的精密度。第三，由质量负责人跟踪监督分析人员监测全程，并填写相关的质控记录。

（三）准确性审核

准确性是反映方法系统误差和随机误差的综合指标。为了取得满足质量要求的监测结果和，必须在分析过程中采用以下几个方法检验准确性：

第一，使用国家有证标准物质进行对照分析测定，将测定结果与给出的保证值比较，若其绝对误差或相对误差符合相关规定的要求，则说明方法和测定过程无系统误差。

第二，用不同方法做对照实验，当对同一样品用不同原理的分析方法测定并获得一致的测定结果时，可认为该方法出具的结果具有良好的准确性。

第三，跟随样品批次，随机抽取全部未知样品的 10%～20% 做加标回收试验，测得的回收率应符合测定项目及所用分析方法规定的要求。

（四）可比性审核和合理性检查

水环境监测数据可比性是指用不同测定方法测量同一试样的某种污染物时所得到结果的吻合程度。可比性审核就是要求同一实验室对同一试样的监测结果能进行相同项目之间的数据比对，相同项目在没有特殊情况时，历年同期的数据是可比的。在可比性审核过程中，不仅要运用水环境监测技术规范和国家颁布的评价标准，还要考虑各污染物之间的相互关系及其在不同环境中的迁移转化规律和浓度变化范围等，对水环境监测数据进行合理性检查。一般来说，同一样品的各监测指标之间客观上具有一定的规律性。水环境监测结果数据的合理性检查主要包括以下几个方面：

各种氧（溶解氧、化学需氧量、高锰酸盐指数、BOD_5）的合理性检查：正常情况下，溶解氧与化学需氧量、高锰酸盐指数及 BOD_5 成反趋势。一般天然水的化学需氧量最大，高锰酸盐指数最小，BOD_5 介于两者之间，当水样中含有污染物时，上边趋势会有不同程度的变化。

各种氮（氨氮、亚硝酸盐氮、硝酸盐氮、总氮）的合理性检查：氨氮、亚硝酸盐氮和硝酸盐氮主要是水体中氮的无机化合物，总氮是水体中有机氮和无机氮的总和，因此总氮应大于或等于无机氮的总和，但不排除存在有机氮和无机氮之间的转化。

有机类物质（氨氮、粪大肠菌群、挥发酚、BOD_5 等）的合理性检查：氨氮、粪大肠菌群、挥发酚、BOD_5 等在某种程度上有联系，如果某项目含量有特殊变化，则水体中相关项目也可能发生变化。

与周边地质环境及区域内工农业分布状况匹配的合理性检查：检查是否有

相悖情况存在。

阴阳离子平衡的合理性检查：两者之差与两者之和的比值的百分数应小于±10%。

离子总量与溶解性总固体的合理性检查：两者的相对误差应小于±10%。

溶解性总固体与电导率的合理性检查：溶解性总固体与电导率的比值一般为0.55～0.70。

总之，水环境监测工作者应按照上述七个方面的相关关系检验各指标的合理性，对异常数据进行修正后方可发出报告。

（五）完整性审核

完整性强调工作总体规划的切实完成，从水环境监测数据审核其是否按预期计划取得具有系统性和连续性的有效样品，而且无缺漏地获得这些样品的所有信息。

水环境监测数据在水环境监测工作中具有重要作用。作为水环境监测数据审核人员，应不断学习业务知识，以科学、严谨的态度对待每一环节，确保获得可靠的监测结果，更好地为相关行政主管部门合理规划和利用水资源、保护水环境提供决策依据。

第五章　水环境修复概述

第一节　环境修复及其分类

一、修复的概念

修复本来是工程上的一个概念，是指借助外界作用力使某个受损的特定对象部分或全部恢复到初始状态的过程。严格来说，修复包括恢复、重建、改建等三个方面：恢复是指使部分受损的对象变成原初状态；重建是指使完全丧失功能的对象恢复至原初水平；改建则是指对部分受损的对象进行改善，增加人类所期望的"人造"特点，减少人类不期望的自然特点。修复的三个方面之间的关系如图5-1所示。

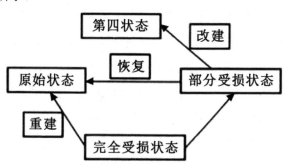

图 5-1　修复的三个方面之间的关系

二、环境修复的概念

环境修复是指对被污染的环境采取物理、化学、生物和生态技术与工程等措施，使环境中的污染物质浓度降低、毒性降低或完全无害化，从而使环境能够部分或完全恢复到原初状态。环境修复可以从以下三个方面来理解：

（一）污染环境与健康环境

环境污染实质上是任何物质或者能量因子的过度集中，超过了环境的承载能力，从而对环境表现出有害的现象。因此，污染环境可定义为任何物质过度聚集而产生的质量下降、功能衰退的环境。与污染环境相对的就是健康环境。最健康的环境就是有原始背景值的环境，但如今地球上似乎再也找不到一块未受人类活动影响的"净土"，即使是人类足迹罕至的南极、珠穆朗玛峰，也可监测到人类活动的痕迹。因此，健康环境只是相对的，特指存在于其中的各种物质和能量因子的含量都低于有关环境质量标准要求的环境。

（二）环境修复和环境净化

环境有一定的自净能力。污染因子进入环境并不一定会造成污染，只有当污染因子的载荷量超过了环境净化容量时才会导致污染。环境中有各种各样的净化机制，如稀释、扩散、沉降、挥发等物理机制，氧化还原、中和、分解、离子交换等化学机制，以及有机生命体的代谢等生物机制。这些机制共同作用于环境，致使污染物的数量或性质向有利于环境安全的方向发生改变。

环境修复与环境净化既有共同的一面，也有不同的一面。它们的目的都是使进入环境中的污染因子的总量减少或毒性下降。但是，环境净化强调的是环境中内源因子作用的过程，它是一个自然、被动的过程；而环境修复则强调的是人类有意识的外源活动对污染物质或能量因子的清除过程，它是一个人为、主动的过程。

（三）环境修复与"三废"治理

传统的"三废"治理强调的是点源治理，需要建造成套的处理设施，在最短的时间内以最快的速度使污染物无害化、减量、资源化。而环境修复是近几十年才发展起来的环境工程技术，它强调的是面源治理，即对人类活动的环境（面源）进行治理。环境修复、"三废"治理以及污染预防都是对环境污染的控制，只不过"三废"治理属于产中控制，环境修复属于产后控制，而污染预防则属于产前控制。它们共同构成污染控制的全过程体系，是可持续发展在环境中的重要体现。

三、环境修复的分类

按照修复的对象，环境修复可分为土壤环境修复、水体环境修复、大气环境修复和固体废弃物环境修复等。

按照污染物所处的治理位置，环境修复可分为原位修复和异位修复。其中，原位修复指在污染的原地点采用一定的技术措施修复；异位修复指移动污染物到污染控制体系内或邻近地点，采用工程措施进行修复。原位修复具有成本低廉但修复效果差的特点，适用于大面积、低污染负荷的环境对象；而异位修复具有修复效果好但成本高昂的特点，适用于小范围、高污染负荷的环境对象。将原位修复和异位修复相结合，便产生了联合生物修复，它能扬长避短，是当今环境修复中应用较普遍的修复措施。

按照修复的方法与技术手段，环境修复可分为物理修复、化学修复、生物修复和生态修复。随着科学技术的发展，环境修复的理论研究不断深入，工程技术手段也不断更新，形成了多种方法共存的局面，并出现了由物理方法、化学方法向生物方法发展的趋势。

第二节 水环境修复的目标、 原则和设计

一、水环境修复的目标

水环境修复技术是利用物理的、化学的、生物的和生态的方法降低水环境中有毒有害物质的浓度或使其完全无害化，使污染了的水环境能部分或完全恢复到原始状态的过程。

在水污染严重、水资源短缺的今日，水作为环境因子，逐渐成为威胁和制约经济社会可持续发展的关键性因素。因此，水环境修复的目标是在保证水环境结构健康的前提下，满足人类可持续发展对水体功能的要求，如图5-2所示。

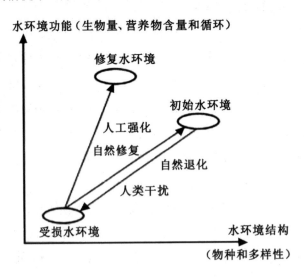

图 5-2 水环境修复目标示意图

具体的目标包括：

（1）水质良好，达到相应用水质量标准的要求。

（2）水生态系统的结构和功能的修复。

（3）自然水文过程的改善、水域形态特征的改变等。

二、水环境修复的原则

在传统环境工程领域，处理对象能够从环境中分离出来。例如，对于废水或者废弃物的处理，需要建造成套的处理设施，在最短的时间内以最快的速度和最低的成本，将污染物净化去除。而在水环境修复领域，所修复的水体对象是环境的一部分，不可能建造能将整个修复对象包容进去的处理系统。如果采用传统的治理净化技术，即使是对局部小系统的修复，其运行费用也会很高。此外，在水环境修复的过程中，还要保护周围的环境。水环境修复的专业面很广，包括环境工程、土木工程、生态工程、化学、生物学、毒理学、地理信息和分析监测等，需要将环境因素融入技术中。

水环境修复的基本原则如下：

（一）遵循自然规律原则

要保持生态系统的动态平衡和良性循环，坚持人与自然和谐相处。要针对造成水生态系统退化和破坏的关键因子，提出遵循自然规律的保护与修复措施，充分发挥自然生态系统的自我修复能力。

（二）最小风险的最大效益原则

在对受损水生态系统进行系统分析、论证的基础上，提出经济可行的保护与修复措施，将风险降到最低。同时，还应尽力做到在最小风险、最小投资的情况下获得最大效益，包括经济效益、社会效益和环境效益。

（三）保护水生态系统的完整性和多样性原则

在水环境修复过程中，不仅要保护水生态系统的水量和水质，还要重视对水土资源的合理开发利用、对工程与生态措施的综合运用。

（四）因地制宜的原则

水生态系统具有独特性和多样性，因此保护措施应具有针对性，不能完全照搬其他地方的成功经验。

三、水环境修复的设计

（一）设计要求

（1）制定合理的修复目标，并遵循法律法规方面的要求。

（2）明确设计概念与思路，比较各种方案，进行现场研究。

（3）考虑可能遇到的操作和维修方面的问题、公众的反应、健康和安全方面的问题。

（4）根据投资、成本和时间等因素的限制来估计结构施工的难易程度，并编制取样检测操作和维修手册等。

（二）设计程序

（1）项目设计计划：综述已有的项目材料数据和结论；确定设计目标；确定设计参数指标；完成初步设计；收集现场信息，并进行现场勘察；列出初步工艺和设备名单；完成平面布置草图；估算项目造价和运行成本。

（2）项目详细设计：重新审查初步设计，完善设计概念和思路；确定项目工艺控制过程；详细设计计算；绘图和编写技术说明相关设计文件；完成详细设计评审。

（3）施工建造：接收和评审投标者并筛选最后中标者；提供施工管理服务；进行现场检查。

（4）系统操作：编制项目操作和维修手册；设备启动和试运转。

（5）编制长期监测计划。

第三节 水环境修复的方法

目前，水环境修复的方法主要有：物理修复、化学修复、生物修复和生态修复。

一、物理修复

水体功能受损的主要特征是水体富营养化，即水环境中氮、磷等营养物质浓度高，可能导致水体藻类疯长、溶解氧减少、浊度增加、透明度下降、水质劣化、变黑变臭等情况，进而导致水生态系统崩溃。目前，国内外在水环境修复中所采用的物理修复方法主要有稀释和冲刷、曝气、机械/人工除藻、底泥疏浚等。物理修复方法效果明显，见效也快，不会给水体带来二次污染，但是没有改变污染物的形态，未能从根本上解决水环境污染问题。因此，物理修复通常和其他修复方法并用，相互弥补缺点，以达到最好的处理效果。

（一）稀释和冲刷

稀释和冲刷是向污染的河道或湖泊水体中注入未受污染的清洁水体，以达到降低水体中营养盐浓度、将藻类冲出水体的目的，是经常搭配使用的技术。稀释包括污染物浓度的降低和生物量的冲出，而冲刷则仅指生物量的冲出。对于稀释来说，稀释水的浓度必须低于原水，且浓度越低效果越好。对于冲刷来说，冲刷速率必须足够大，能够使藻类的流失速率大于其生长繁殖速率。这种技术可以降低污染物和水体中藻类的浓度，加快污染水体流动，缩短换水周期，增强水体自净功能，提高水环境承载力。此外，水体稀释与冲刷还会影响污染物质向底泥沉积的速率。在高速稀释或冲刷过程中，污染物质向底泥沉积的比例会减小。但是，如果稀释速率选择不当，则水中污染物浓度可能不降反升。稀释水与被稀释成分的对比如表5-1所示，稀释效果如表5-2所示。可以看出：稀释水明显比水体清洁；通过水体稀释，水体总磷浓度下降了55%，叶绿素a的浓度下降了63%，而塞氏透明度增加了54%。目前，我国南京玄武湖、杭州西湖以及昆明滇池等水环境均采用外流引水进行稀释和冲刷。

表 5-1　稀释水与被稀释成分的对比

单位：μg/L

项目	总磷	总氮	活性磷	NO$_3$-N
水体	148	1 331	90	1 096
稀释水	25	308	8	19

表5-2　稀释效果举例

稀释速率/（%/d）	总磷/（μg/L）	叶绿素a（μg/L）	塞氏透明度/m
1.0	158	71	0.6
10.0	71（55%）	26（63%）	1.3（54%）

（二）曝气

在污染水体接纳大量需氧有机污染物后，有机物降解将造成水体溶解氧浓度急剧降低。同时，由于藻类的疯长，大量的氧气被消耗，水体的溶解氧浓度过低，其至水体表层以下呈厌氧状态，导致溶解盐释放，硫化氢、甲硫醇等恶臭气体产生，使水体变黑变臭。

曝气就是通过曝气设备将空气中的氧强制转移到水体中的过程。曝气能增加本区域和下游水体中的溶解氧含量，避免水生生物缺氧死亡，改善水生生物的生存环境，提高水环境的自净能力，限制底层水体中磷的活化和向上扩散，从而限制浮游藻类的生产力。目前，人们经常采用橡胶坝、太阳能曝气泵等实现水体富氧的目的。

（三）机械/人工除藻

利用机械/人工方法除去水体中的藻类，可减轻局部水华灾害，增加营养物的输出量，减轻藻体死亡分解引起的藻毒素污染，起到标本兼治的作用。

人工打捞藻类是控制蓝藻总量最直接的方式。但由于人工打捞收集手段落后，用时较长，导致效率低、费用高。机械除藻一般应用在蓝藻富集区（借助风向、风力等将蓝藻围栏集中在某一区域），人们会采用固定式除藻设施和除藻船对区域内湖水进行循环处理，清除浮藻层，为化学或生物除藻等措施的实施创造条件。图5-3所示为机械除藻治理滇池蓝藻水华的工艺流程。

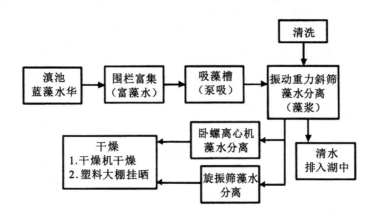

图 5-3　机械除藻治理滇池蓝藻水华的工艺流程

除此之外，可采用投加絮凝剂和机械除藻相结合的方式，如：投加蓝藻专用复合絮凝剂，利用絮凝反应使藻浆与絮凝剂充分混合并形成絮体；在重力浓缩段，利用蓝藻絮体的自身重力脱去游离水；在压滤段，利用竖毛纤维的附着性及机械力的挤压使蓝藻絮体中的水分充分脱去，最终形成块状藻饼。工艺流程如图5-4所示。

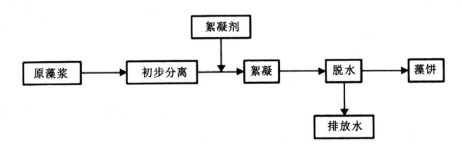

图 5-4　投加絮凝剂和机械除藻复合模式的工艺流程

（四）底泥疏浚

底泥是水体中氮磷类营养物质重要的源头和汇集地。当水体中氮磷类营养物质浓度降低、水温升高或pH值变化时，底泥中的氮磷类营养盐会大量释放到水体中，造成水体的二次污染。底泥中磷的释放对水体中磷浓度增大的影响是不可忽略的。底泥疏浚能够除去底泥中所含的污染物，清除水体内源污染，从而改善水质，提高水体环境容量，促进水生态环境的恢复，这有利于水资源的开发、美化和创造旅游开发环境，从而产生较大的环境效益、社会效益和经济效益。

环境疏浚与工程疏浚不同。前者旨在清除水体中的污染底泥，并为水生态系统的恢复创造条件，同时还需要与水环境的综合整治方案相协调。而后者则主要是为了某种工程的需要（如疏通航道、增容等）而进行的。两者的具体区别如表5-3所示。

表 5-3 环境疏浚与工程疏浚的区别

项目	环境疏浚	工程疏浚
生态要求	为水生植被恢复创造条件	无
工程目标	清除存在于底泥中的污染物	增加水体容积，维持航行深度
边界要求	按污染土壤分层确定	地面平坦，断面规则
疏浚泥层厚度	较薄，一般小于 1 m	较厚，一般为几米至几十米
对颗粒物扩散限制	避免扩散及水体浑浊	无
施工精度	5～10 m	20～50 m
设备选型	标准设备改造或专用设备	标准设备
工程监控	专项分析，严格控制	一般控制
底泥处置	泥、水根据污染性质做特殊处理	泥水分离后一般堆置

底泥疏浚分为干式疏浚和带水疏浚。前者主要应用于小型河流中，在实际中应用有限；后者因具有疏浚精度高，能够减少对水体的干扰、减少二次污染等优点而得到广泛采用。目前，最先进的环保式底泥疏浚设备是绞吸式挖泥船，其管道在泥泵的作用下吸起表层沉积物并远距离输送到陆地上的堆场。

但是，底泥疏浚需要注意以下两点：一是疏浚量在 60%～80%为宜，要将挖泥行动对底泥表层的干扰（这是由于底泥表层是底栖生物的聚集区）降至最低。二是在疏浚过程中要保证水体清澈透明，并定期进行监测。目前，滇池、杭州西湖、太湖、巢湖、长春南湖等湖泊的清淤挖泥工作曾取得暂时的效果，但未能从根本上解决水体富营养化问题。这说明底泥疏浚往往效果不理想，只有配合其他治理措施（如生物治理），才能达到事半功倍的效果。

二、化学修复

化学修复是指根据水体中主要污染物的化学特征，采用化学方法进行修复，如改变污染物的形态（如化学价态、存在形态等）、降低污染物的危害程度。化学修复虽然见效快，但成本高、有效期短，易产生二次污染，且不能从根本上解决问题，通常适用于突发性水污染或小范围严重水污染的修复。常用的化学修复措施如下：

（一）投絮凝剂

该措施是借助絮凝剂如铁盐、铝盐等的吸附或絮凝作用，以及水体中无机磷酸盐共沉淀的特性，降低水体富营养化的限制因子——磷的浓度，从而控制水体的富营养化。例如，荷兰的Braakman水库和Grote Rug水库，运用该方法使水体总磷和藻类生产量大幅度降低。此外，铝盐能够生成氢氧化铝沉淀，在沉积物表层形成"薄层"，阻止沉积磷的释放。

（二）投除藻剂

常用的除藻剂主要有$CuSO_4$、高锰酸盐、$Al_2(SO_4)_3$、高铁酸盐复合药剂、液氯、ClO_2、O_3和H_2O_2等。其中，由于蓝藻对$CuSO_4$特别敏感，因此含铜类药剂是研究和应用较早和较多的除藻剂。但是，由于化学除藻剂仅能在短时间内对水体中的藻类有控制作用，因此需要反复投加除藻剂。这增加了成本，且治标不治本。同时，死亡的藻体仍留存在水体中，不断释放藻毒素，其分解需要消耗大量氧气。此外，除藻剂本身往往会对鱼类及其他水生生物产生毒副作用，造成二次污染。因此，应科学评估投加除藻剂的风险，除非应急和健康安全许可，否则一般不宜采用。

（三）投除草剂

投除草剂是控制水草疯长的有效途径。目前大部分除草剂在推荐的使用浓度下有良好的除草效果，而且对鱼类、无脊椎动物和鸟类的毒性低微，在食物链中也无残留。但是，投除草剂也可能引发潜在的水质问题，如杀死的水草腐败耗氧、释放营养物质等。如果选择颗粒状除草剂，在水草长出之前就将其撒入水中，则可以避免出现这种情况。有的除草剂或其降解产物对鱼类或鱼类饵料生物有毒，如敌草快等。

三、生物修复

生物修复是利用培育的植物或培养、接种的微生物的生命活动，对水中的污染物进行转移、转化及降解，从而使水体得到净化的技术。生物修复强调人类有意识地利用动物、植物和微生物的生命代谢活动，使水环境得到净化。而与生物修复概念相近的生物净化是指自然环境系统利用本身固有的生物体进行的环境无害化过程，是一种自发的过程。与物理修复、化学修复相比，生物修复具有污染物可在原地降解、操作简便、经济适用、对环境影响小、不产生二次污染等优点。

针对水环境的生物修复，常用的方法包括微生物修复、植物修复和动物修复等。在进行生物修复的过程中，需要注意以下几点：一是优先选择土著生物，避免外来物种入侵；二是选择经济、美观、生物量大、生长迅速、耐性强的生物；三是不能忽视管理，包括收获及处理等。

（一）微生物修复

微生物修复一般采用将多种土著微生物或工程菌菌群混合，制成微生物水剂、粉剂、固体剂的形式。向水体中投加微生物制剂，可以使微生物与水中的藻类竞争营养物质，从而使藻类缺乏营养而死亡。微生物修复工程中以应用土著微生物为主，因为其具有巨大的生物降解潜力，不涉及外来物种入侵问题，但接种的微生物在污染水体中难以保持高活性。而工程菌针对污染物处理效果好，但受到诸多政策限制，出于安全的考虑，应用要慎重。目前，克服工程菌安全问题的方法是让工程菌携带一段"自杀基因"，使其在非指定环境中不易生存。微生物制剂的选择要考虑气候条件、具体的水文水质条件等因素的影响，且须定期投放。常见的净化水体的有益微生物如表5-4所示。

表 5-4　常见净化水体的有益微生物

名称	光合细菌	硫化细菌	硝化细菌	芽孢杆菌	乳酸菌	酵母菌	放线菌	反硝化细菌
类型	光能自养	化能自养	化能自养	化能自养	化能异养	化能异养	化能异养	化能异养

1.集中式生物系统

集中式生物系统（central biological system, CBS）是由几十种具备各种功能的微生物组成的良性循环的生态系统，这些微生物主要包括光合菌、乳酸菌、放线菌、酵母菌等，它们构成了功能强大的"菌团"。CBS目前已广泛应用到水环境治理中。CBS的作用原理是利用其含有的微生物唤醒或者激活污水中原本存在的可以自净但被抑制而不能发挥其功效的微生物，使它们迅速增殖，并强有力地钳制有害微生物的生长和活动。同时，CBS先通过向水体喷洒生物菌团，使淤泥脱水，实现泥水分离，再消灭有机污染物，达到硝化底泥、净化水体的目的。

2.高效复合微生物菌群

高效复合微生物菌群（high effective complex micro-organisms, EM）是由5科10属80多种有益微生物经特殊方法培养而成的多功能微生物菌群。EM在其生长过程中能迅速分解污水中的有机物，同时依靠相互间的共生增殖及协同作用，代谢出抗氧化物质，生成稳定而复杂的生态系统，抑制有害微生物的生长繁殖，激活水中具有净化水体功能的原生动物、微生物及水生植物，通过这些生物的综合效应达到净化与修复水体的目的。

（二）植物修复

植物修复技术就是利用植物的生长特性治理底泥、土壤和水体等介质污染的技术，包括植物萃取、植物稳定、根际修复、植物转化、根际过滤、植物挥发等技术。其中，植物萃取是依靠植物的吸收、富集作用将污染物从污染介质中去除；植物稳定是依靠植物对污染物的吸附作用把污染物固定下来，减少污染物对环境的影响；根际修复是依靠植物的根际效应对污染物进行降解；植物转化是依靠植物把污染物吸收到体内，通过微生物或酶的作用使污染物降解；根际过滤是依靠根际固定和吸附污染物；植物挥发是依靠植物使某些污染物挥发到大气中。在利用植物修复的过程中，要针对不同的污染物筛选不同的植物种类，使其对特定的污染物有较强的吸收能力，且耐受性较强。

植物修复具有如下优点：①具有美学价值，合理的设计能让人在视觉上得到美的享受；②增加水中的氧气含量，或抑制有害藻类的生长繁殖，遏制底泥营养盐向水中再释放；③植物根际为微生物提供了良好的栖息场所，联合处理效果更佳；④植物回收后可以再利用；⑤投资和维护成本低；⑥操作简单，不会造成二次污染，且具有保护表土、减少侵蚀和水土流失等作用。

（三）动物修复

生物操纵理论认为，可以通过对水生生物群（包括藻类、周丛动物、底栖动物和鱼类）及其栖息地的一系列调节，增强其中的某些相互作用，促使浮游植物生物量下降。周丛动物、底栖动物在水域中摄食细菌和藻类，控制水中生物的数量，以达到稳定水系的作用。鱼类修复技术主要采用混养技术，通过控制上层、中层和底层鱼的比例，用鱼的残饵、粪便培肥水质，起到"肥水"的效果，而"肥水鱼"通过滤食浮游生物、细小有机物，能起到所谓"压水"的作用，稳定水体的生态平衡。

经典生物操纵理论认为，放养食鱼性鱼类以消除食浮游生物的鱼类，或捕除（或毒杀）水域中食浮游生物的鱼类，借此壮大浮游动物种群，然后依靠浮游动物来遏制藻类，是生物操纵的主要途径之一。许多实验表明这种方法对改善水质有明显效果。例如，美国明尼苏达州富营养化的隆德湖面积为12.6 hm²，最大深度为10.5 m，平均深度为2.9 m。其优势鱼类有浮游生物食性鱼类——蓝鳃太阳鱼、刺目鱼，以及底栖动物食性鱼类——长吻鲍。相关人员用鱼藤酮消灭原有的浮游生物食性和底食性鱼类，重新投放鱼食性的大口黑鲈和大眼狮鲈，使其与蓝鳃太阳鱼的比例为1∶2.2，（投放前为1∶165）。此外，还投放黄鳍连尾鲴以防止底食性鱼类的发展。投放后大型浮游动物（蚤状溞）由稀有种成为优势种，透明度由2.1 m增至4.8 m，总氮、总磷也呈下降趋势。本多夫（J. Benndorf）等1984年将河鲈和虹鳟引入一个小水塘，以控制和消除浮游生物食性鱼类，结果轮虫和小型浮游动物（如象鼻溞）减少，透明溞和僧帽蚤等大型水蚤增加；小型浮游植物减少，形态有碍牧食的大型浮游植物（如卵胞藻）增加；透明度也有所增加（如图5-5所示）。夏皮罗（J. Shapiro）总结了美国24个湖泊应用生物操纵的成果，表明该项技术在改善湖泊水质方面是行之有效的。

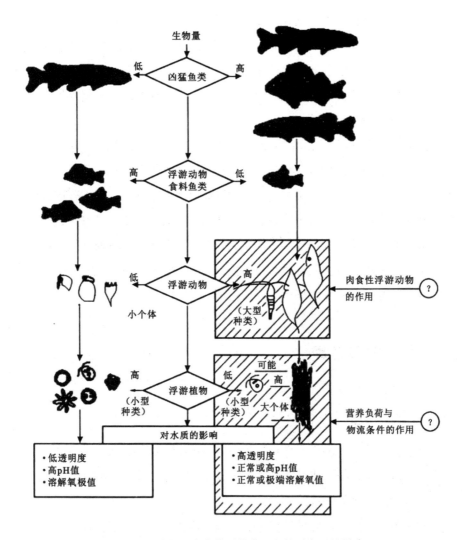

图 5-5　生物操纵中生物群落变化及其对水质的影响

　　而非经典生物操纵理论则认为应将生物控制链缩短，控制凶猛鱼类，放养食浮游生物的滤食性鱼类直接以藻类为食。中国科学院水生生物研究所淡水生态学研究中心的谢平等人通过在武汉东湖的一系列围隔实验发现，鲢、鳙控制蓝藻水华的作用机制为：改变藻类群落结构，使小型藻类占优势。他们在原位围隔实验中发现，没有放养鲢、鳙的围隔内，出现了蓝藻水华；而在放养鲢、鳙的围隔内，藻类的生物量处于低水平，并且蓝藻未能成为优势种群。而在另一项实验中，在发生蓝藻水华的围隔内加入了鲢、鳙后，蓝藻水华在短期内消失。由此，他们得出了鲢、鳙等滤食性鱼类能够控制蓝藻水华的结论，从而揭示了东湖蓝藻水华的消失之谜。此外，在鲢、鳙成功控制了蓝藻水华之后，也降低了东湖的磷内源负荷。

此外，有人专门研究了"以藻抑藻"的控藻方法：以黑藻为材料，通过共培养和养殖水培养两种方式研究黑藻对铜绿微囊藻生长的影响。研究发现，黑藻通过向水体释放某些化学物质，使铜绿微囊藻的细胞壁、膜被破坏，类囊体片层产生损伤，直至细胞解体，进而使其生长量显著降低，繁殖受到抑制。还有人通过研究金藻控制蓝藻水华的试验发现：蓝藻水华发生期间的高温、偏碱性等环境条件不影响金藻吞噬微囊藻的速率；金藻在水华的发生过程中能够生长，并且对控制微囊藻水华有一定的作用。

四、生态修复

（一）水环境生态修复的概念和特点

生态修复是在生态学原理指导下，以生物修复为基础，结合各种物理修复、化学修复以及工程技术措施，通过优化组合，使之达到最佳效果和最低耗费的一种综合的修复污染环境的方法。

水环境生态修复是通过增加生态系统的价值和生物的多样性，即修改受损水体物理、生物或生态状态的过程，使修复工程后的水体较之前状态更加健康和稳定。用美国生物学家爱德华·威尔逊（Edward O. Wilson）的话来说："生物多样性越强，则生态系统的稳定性越好。"水环境生态修复可以使水体中有益的水生植物、微生物、鱼类等都得到充分发展，使水体生物多样性达到最大化，从而使水体生态系统长期稳定，提高水体的自净能力，最终实现人与自然的和谐发展。

水环境生态修复的主要特点有：①综合治理，标本兼治，节能环保；②设施简单，建设周期短，见效快；③因地制宜，擅长解决现有水体的水质问题；④综合投资成本低，运行维护费用低，管理技术要求低；⑤生物群落本土化，无生态风险；⑥生物多样性强，生态系统稳定；⑦对污染负荷波动的适应能力强。

（二）水环境生态修复技术

常用的水环境生态修复技术主要有人工浮岛技术、人工湿地技术、前置库技术、近自然修复技术等。

1.人工浮岛技术

人工浮岛技术是日本率先用于富营养化水体污染控制的新技术。所谓人工浮岛技术，是指人工把水生植物或改良驯化的陆生植物移栽到水面浮岛上，植物在浮岛上生长，通过根系吸收水体中的氮、磷等营养物质，降解有机污染物和富集重金属，从而达到净化水质的目的。人工浮岛的最大优点是构建和维护方便，可以改善景观、恢复生态，而且有利于营养盐和浮游植物的去除，还能够起到消浪作用。

人工浮岛技术的净化机理有以下几点：

（1）浮岛植物通过根系吸附并吸收水体中的氮、磷等营养盐供给自身生长，从而改善水质。

（2）植物根系增大水体接触氧化的表面积，并能分泌大量的酶，加速污染物质的分解。

（3）浮岛植物的抑藻效用。一些植物能针对性地抑制相应藻类的生长，如芦苇对形成水华的铜绿微囊藻、小球藻都有抑制效应。

（4）浮岛植物与微生物形成共生体系。浮岛植物能输送氧气至根区，形成好氧、兼性的小生境，为多种微生物的生存提供适宜的环境。同时，微生物可以把一些植物不能直接吸收的有机物降解成植物能吸收的营养盐类。

（5）浮岛的日光遮蔽作用。浮岛在水域占据一定的水面，在富营养化的水体中能减弱藻类的光合作用，延缓水华的发生。

当然，人工浮岛技术也在不断完善中。改造生态浮岛结构是改善浮岛净化效果的方式之一。目前，生态浮岛结构改造主要是以浮岛系统与接触氧化系统、曝气系统、水生动物、微生物、填料、生物净化槽等中的一个或多个组合而成，其充分利用浮岛立体空间，延长浮岛系统食物链以及强化浮岛的微生物富集特性，从而改善净化效果。例如，上海市农业科学院范洁群等人利用生物共生机制原理分别开发了由植物、填料、微生物组成的新型框式浮岛，其净化效果明显优于传统浮岛。李伟等构筑了以水生植物、水生动物及微生物为主体的组合立体浮岛生态系统，提高了污染物的去除率。生态浮岛结构的改变使污染物的去除由以植物为主转变为植物、填料、微生物共同作用，但是各部分如何有机组合才能更有效地改善净化效果有待今后继续深入研究。

2.人工湿地技术

人工湿地技术主要利用土壤、人工介质、植物、微生物等的物理、化学、生物三重协同作用，对污水、污泥进行处理，之后湿地系统更换填料或收割栽种植物，将污染物除去。该技术的作用机理包括吸附、滞留、过滤、氧化还原、沉淀、微生物分解、转化、植物遮蔽、残留物积累、蒸腾水分和养分吸收，以及各类动物的作用。其中，湿地系统中的微生物是降解水体中污染物的主力军。

与污水处理厂相比，人工湿地的优点如下：

（1）人工湿地具有投资少、运行成本低等明显优势。在农村地区，由于人口密度相对较小，人工湿地同传统污水处理厂相比，一般可节省1/3～1/2的投资。在处理过程中，人工湿地基本上采用重力自流的方式，基本无能耗，运行费用低。污水处理厂处理每吨废水的价格在1元左右，而人工湿地平均不到0.2元。因此，在人口密度较低的农村地区，建设人工湿地比传统污水处理厂更加经济。

（2）污水处理厂在处理污水的过程中会产生大量富含有害化学成分的淤

泥、废渣等，容易形成二次污染。而人工湿地使用纯生物技术进行水质净化，不会产生二次污染。

（3）人工湿地以水生花卉为主要处理植物，在处理污水的同时还具有良好的景观效果，有利于改善农村环境。另外，在人工湿地上可选种一些具备净化效果且经济价值较高的水生植物，在处理污水的同时产生经济效益。

（4）人工湿地的运行管理简单、便捷。因为人工湿地完全采取生物方法自行运转，所以基本不需专人负责，只需定期清理格栅池、隔油池，每年收割一次水生植物即可。

人工湿地分为表面流人工湿地和潜流人工湿地。

表面流人工湿地水面位于湿地基质层以上，水深一般为0.3～0.5 m，水流呈推流式前进。污水从入口以一定速度缓慢流过湿地表面，部分污水或蒸发或渗入地下，出水由溢流堰流出。近水面部分为好氧层，较深部分及底部通常为厌氧层。表面流人工湿地的优点是投资少、运行费用低、维护简单，缺点是水力负荷低、占地面积大、易受季节影响等。

潜流人工湿地是目前采用较多的人工湿地类型。根据污水在湿地中流动的方向，可将潜流人工湿地分为水平潜流人工湿地和垂直潜流人工湿地两种类型。不同类型的湿地对污染物的去除效果不同，具有各自的优缺点。

水平潜流人工湿地因污水从一端水平流过填料床而得名。该类人工湿地主要由植物、填料床和布水系统三部分组成。填料床结构剖面及布水系统自下而上依次为防渗层、卵石层、砾砂层、黏土层等。卵石层和砾砂层对进入此层的污水起到过滤作用，还可以通过滤料上的生物膜对污水中的污染物质进行降解。上层土壤存在大量的植物根系、微生物和土壤矿物，对污水中的污染物质起到吸收、降解、置换等物理、化学及生物作用，以达到净化污水的目的。与表面流人工湿地相比，水平潜流人工湿地的水力负荷和污染负荷大，对重金属等污染的去除效果好，且很少有恶臭和滋生蚊蝇现象，是目前国际上研究和应用较多的一种人工湿地处理系统。它的缺点是控制相对复杂，脱氮、除磷的效果不如垂直潜流人工湿地。

垂直潜流人工湿地使用的基质以碎石、沙砾石和沸石为主。该类人工湿地的特点是使污水从湿地表面纵向流向填料床的底部，床体处于不饱和状态，氧可通过大气扩散和植物传输进入人工湿地系统。该系统的硝化能力高于水平潜流湿地，可用于处理氨氮含量较高的污水；缺点是对有机物的去除能力不如水平潜流人工湿地系统。

随着人工湿地技术研究的深入，近年来出现了许多复合和改进工艺，如波形潜流人工湿地等，使人工湿地的处理效果得到了改善。

3.前置库技术

前置库技术就是在大型河流、湖泊、水库内入水口处设置规模相对较小的水域，将河道来水先蓄存在小水域内，在小水域中实施一系列水净化措施，沉淀来水挟带的泥沙后，再排入河、湖、水库。前置库技术是控制河湖外源来水及面源污染的有效途径。前置库技术通常利用天然或人工库塘拦截暴雨径流或外来污水，径流污水先后经沉砂池、配水系统、植物塘后，流入河湖。在前置库中，水体所含的营养物质首先通过浮游植物从溶解态转化成颗粒态，接着浮游植物和其他颗粒物质在前置库与主体河、湖（水库）连接处沉降下来。整个沉降过程包括自然过程和絮凝沉降。这种沉降过程由于天然沉淀剂和絮凝剂的存在而增强，尤其是排水区域的地球化学条件更能影响营养盐的去除。整个前置库内氮和磷的去除过程（在水深和光强先后作用的情况下）如图5-6所示。

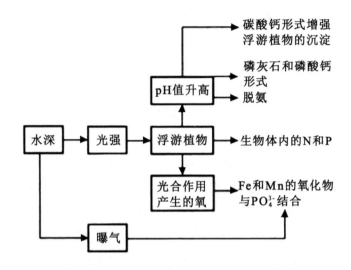

图 5-6　前置库内氮和磷去除过程

　　水生植物也是前置库中不可缺少的主要组成部分，其从水体和底质中去除氮、磷的能力从大到小依次为沉水植物、浮叶植物和挺水植物。相关研究人员通过静态试验研究微污染状态下各种水生植物单一和组合时的净化能力，结合水生植物的生长状况、区域环境特点等，筛选出了繁殖竞争能力较强，净水效果佳，观赏性和经济性好，易于栽培、管理、收获、控制的水生植物系统，为前置库植物群落的配置提供了依据。值得注意的是，水生植物的选择要因地制宜，优先选择地区土著种；要配置不同高度、不同形态的植物，并注重种类的多样性；要定期收割、移除该前置库系统的植物。此外，还要依据本地区的水质状况，筛选出适合前置库区投放的鱼类，不对底泥造成扰动，不影响水体景观和生物安全。

　　目前，该技术在国内太湖、滇池、山东云蒙湖等地都有应用。在实际应用中，前置库技术有所改进，即在景观水体项目中专门做水体分层。整个水系有几个湖或塘，一层层跌水下来，形成阶梯湖，湖与湖之间多用墙体拦截，景观效果极好。通过拦截坝围出的原水处理区域也能够实现分层跌水效果，为景观添彩。除此之外，该技术也在不断创新之中，如张毅敏等人在传统前置库技术的基础上，研发了生态透水坝与砾石床、生态库塘、固定化菌强化净化等关键技术。

4.近自然修复技术

近自然修复技术，是以生态学理论为指导，适合河道、河岸、河漫滩乃至流域的生物、生态修复技术。近自然型河岸可分为以下三种：

（1）全自然型护岸

全自然型护岸采用土壤生物工程法，利用木桩与植物梢或棍相结合、植物切枝或植株与枯枝及其他材料相结合、乔灌草相结合、草坪草和野生草种相结合等技术来防止侵蚀，控制沉积，同时为生物提供栖息地，有效地维护河道的自然特性，如图5-7所示。但这种护岸抵抗洪水的能力较差，抗冲刷能力不足。这种护岸适用于用地充足、岸坡较缓、侵蚀不严重的河流及一些局部冲刷的地方。在采用全自然型护岸进行生态修复的过程中，关键环节是植物物种的选择与配置。应主要采用根系发达的固土植物，即在水中种植柳树、水杨、白杨以及芦苇、野茭白、菖蒲等具有喜水特性的植物；在坡面上铺上草坪，或者种植一些如沙棘、刺槐、龙须草、常青藤、香根草等植物。

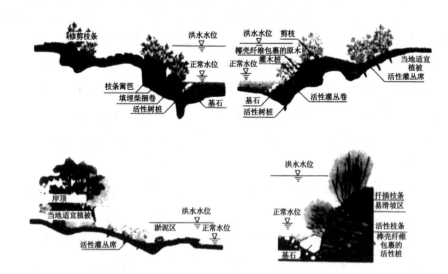

图 5-7　全自然型护岸示意图

（2）工程生态型护岸

对于冲刷较为严重、防洪要求较高的河段，单纯采用自然方法是难以满足防洪安全要求的，必须采用一些工程措施，才能有效地保护河岸的结构稳定性和安全性，同时还必须采用生态措施，维护好河岸的生态环境。工程生态型护岸不仅种植植被，还采用天然石材、木材护底，如：在坡脚设置各种种植包，采用石笼或木桩等护岸；在斜坡种植植被，实行乔灌结合。在此基础上，再采用钢筋混凝土等材料，确保抗洪能力足够强。典型的工程生态型护岸如图5-8所示。

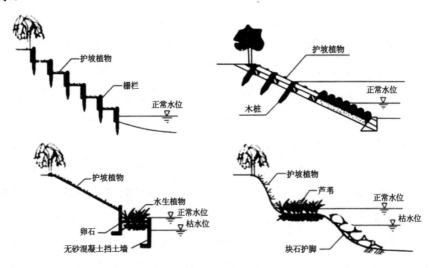

图 5-8 典型的工程生态型护岸示意图

这种修复模式以防止岸坡冲刷为主，在材料选用上常常采用浆砌或干砌块石、现浇混凝土和预制混凝土块体等硬质且安全系数相对较高的材料；在结构形式上常用重力式浆砌块石挡墙等结构。

工程生态型护岸主要有以下几种形式：

第一，大型护坡软体排。水下部分采用软体排或松散抛石，而水上部分则是在柔性的垫层（土工织物或天然织席）上种植草本植物，并且垫层上的压重抛石不应妨碍草本植物生长。

第二，干砌块石或打木桩护岸。水下部分采用干砌块石或打木桩的方法，并在块石或木桩间留有一定的空隙，以利于水生植物的生长；水上部分可参考全自然型护岸的做法，铺上草坪或者栽上灌木。

第三，纤维织物袋装土护岸。这种护岸由岩石坡脚基础、砾石反滤层和编织袋装土的坡面组成，如由可降解生物（椰皮）纤维编织物（椰皮织物）盛土，形成一系列不同土层或台阶岸坡，然后栽上植被。

第四，面坡箱状石笼护岸。这种护岸的典型特点是将钢筋混凝土柱或耐水圆木制成梯形箱状框架，并向其中投入大的石块，形成很深的鱼巢，再在箱状框架内埋入柳枝。

（3）景观生态型护岸

随着经济社会的不断发展，人民的生活水平普遍提高，人们对河流的治理、河岸的建设提出了更高的要求，要求河流除了提供防洪、抗旱的安全保障外，还能给社会生活提供越来越多的服务。

河道两岸已成为人们休闲娱乐和旅游的理想场所。为满足人们对景观、休闲和环境的需求，需构筑具有亲水功能的景观河岸，营造人与自然和谐相处的氛围。在确保防洪和人类活动安全的同时，河岸的修复应与景观、道路、绿化以及休闲娱乐设施相结合。

景观生态型护岸主要是从满足景观功能的角度对河道加以治理。建设此类护岸应对河道的生态要求和景观要求综合考虑，充分考虑河道所处的地理环境、风土人情，沿河设置一系列的亲水平台、休憩场所、休闲健身设施、旅游景观、主题广场、艺术小品、特色植物园和各种水上活动区，力图在河道纵向上营造出连续、动感的景观特质和景观序列；而在河道横断面景观配置上应多采用复式断面的结构形式，以保证足够的景深效果（如图5-9所示）。

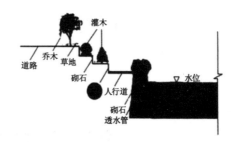

图 5-9 典型的景观生态型护岸示意图

这种生态修复方法将各种独立的人文景观元素有规律地组合在一起，丰富了当地人的生活方式，充分体现了"以人为本""人与自然和谐相处"的理念。很多城市在建设过程中重点打造景观河岸，将河岸带建设成为城市的窗口、旅游胜地和休闲中心。

此外，还可以利用丁坝等使原来较直的河岸人工形成河湾，并设计不同的深潭、浅滩及沙心洲，使河湾大小各异，形状、深度、底质也可富于变化。在此基础上，既可采用全自然型护岸，又可采用其他类型的护岸。

第六章　地表水环境修复

第一节　地表水及其污染

一、地表水概述

地表水是水圈的重要组成部分，是以相对稳定的陆地为边界的天然水域的总称，包括具有一定流速的沟渠流水、江河水系，相对静止的塘堰、水库、沼泽、湖泊、冰川和冰盖等，以及受潮汐影响的三角洲。把水体当作完整的生态系统或综合自然体来看待，则地表水也包括水中的悬浮物质、溶解物质、底泥和水生生物等。地表水环境质量一般是指在一个具体的地表水环境内，地表水环境的总体或环境的某些要素对人类的生存和繁衍以及经济社会发展的适宜程度。

二、地表水污染概述

《中华人民共和国水污染防治法》第一百零二条规定："水污染，是指水体因某种物质的介入，而导致其化学、物理、生物或者放射性等方面特性的改变，从而影响水的有效利用，危害人体健康或者破坏生态环境，造成水质恶化的现象。"地表水污染主要是指由人类活动排放污染物，造成的地表水水体的水质污染。按照地表水水体的类型，污染可分为河流污染、湖泊（水库）污染和海洋污染。其中，河流污染的特点为污染程度随径流量和排污的数量与方式而变化；污染物扩散快，上游的污染会很快随水流影响下游，某河段的污染会影响整个河道的水生生物环境；污染影响大，河水中的污染物可通过饮水、河水灌溉农田和食物链而危害人类。湖泊（水库）污染的特点是某些污染物可能长期停留其中，发生量的积累和质的变化，如氮、磷等植物营养元素所引起的湖水富营养化。海洋污染的特点是污染源多而复杂，污染的持续性强、危害性大，污染范围广。

三、地表水污染源及污染物

（一）地表水污染源

人类活动所排放的各类污水是将污染物带入地表水体的载体之一，由于这些污水、废水多由管道收集后集中排放，因此常被称为点源。点源的特点是其变化规律服从工业生产废水和城市生活污水的排放规律，它的量可以直接测定，其影响可以直接评价。大面积的农田地面径流或雨水径流也会对地表水体产生污染，由于其进入水体的方式是无组织的，因此通常被称为非点源或面源。面源污染的排放是以扩散方式进行的，时断时续，常与气象因素有联系。

1.点源污染

主要的点源有生活污水和工业废水。由于产生废水的过程不同，因此这些污水、废水的成分和性质有很大的差别。

（1）生活污水

生活污水主要来自家庭、商场、学校、旅游服务业及其他城市公用设施，包括厕所冲洗水、厨房洗涤水、洗衣机排水、沐浴排水及其他排水等。污水中主要含有悬浮态或溶解态的有机物质（如纤维素、淀粉、糖类、脂肪、蛋白质等），还含有氮、硫、磷等无机盐类和各种微生物。一般生活污水中悬浮固体的含量在200～400 mg/L之间，由于其中的有机物种类繁多、性质各异，常以BOD$_5$或COD来表示其含量。生活污水的BOD$_5$通常为200～400 mg/L。

（2）工业废水

工业废水是指工业生产过程中产生的废水和废液，其中含有随水流失的工业生产用料、中间产物、副产品以及生产过程中产生的污染物。根据其来源可以分为工艺废水、原料或成品洗涤水、场地冲洗水以及设备冷却水等；根据废水中主要污染物的性质，可分为有机废水、无机废水、兼有有机物和无机物的混合废水、重金属废水和放射性废水等；根据产生废水的行业性质，又可分为造纸废水、印染废水、焦化废水、农药废水和电镀废水等。不同工业排放的废水性质差异很大，即使是同一种工业，由于原料工艺路线、设备条件和操作管理水平不同，废水的水量和性质也不尽相同。一般来讲，工业废水有以下几个特点：

一是废水中污染物浓度大。某些工业废水含有的悬浮固体或有机物浓度是生活污水的几十倍甚至几百倍。

二是废水成分复杂且不易净化。工业废水常呈酸性或碱性，废水中常含有不同种类的有机物和无机物，有的还含有重金属、氰化物、多氯联苯、放射性物质等有毒污染物。

三是废水带有颜色或异味。某些工业废水具有刺激性气味，或呈现出令人生厌的外观，如废水颜色较深，水面易产生泡沫，或漂浮着油类污染物等。

四是废水水量和水质变化大。工业生产一般具有分班进行的特点，废水水量和水质常随时间发生变化，工业产品的调整或工业原料的变化也会造成废水水量和水质的变化。

五是废水中含有大量废热。某些工业废水的水温较高，有的甚至超过40 ℃。

2.非点源（面源）污染

非点源污染主要指农村灌溉水形成的径流、农村中无组织排放的废水及其他废水、污水。农村废水一般含有有机物、病原体、悬浮物等污染物，如畜禽养殖业排放的废水常含有很高浓度的有机物。由于过量地施加化肥、使用农药，农田地面径流中常含有大量的氮、磷等营养物质和有毒的有机物。分散排放的小量污水也可看作面源污染。大气中的污染物随降雨进入地表水体，也可认为是面源，如酸雨。此外，天然性的污染源，如水与土壤之间交换的物质、风刮起的泥沙、进入水体的粉尘等，也是面源。对面源污染的控制要比点源污染困难得多。值得注意的是，对于某些地区和某些污染物来说，面源污染所占的比重往往不小，如面源污染对湖泊富营养化的贡献常会超过50%。

（二）地表水污染物

水体污染物是指直接或者间接向水体排放的能导致水体污染的物质。地表水的污染物种类繁多，根据污染物的来源与种类及其对环境的危害程度，可大致分为悬浮污染物、耗氧有机污染物、酸碱污染物、植物性营养物、石油类污染物、毒性污染物、热污染物、病原微生物污染物、难降解有机物、放射性物质等。

1.悬浮污染物

悬浮污染物主要指悬浮在水中的污染物质，包括无机的泥沙、炉渣、铁屑，以及有机的纸片、菜叶等。水力冲灰、洗煤、冶金、屠宰、化肥、化工、建筑等工业废水和生活污水中都含有悬浮状的污染物，这些污染物排入水体后除了会使水体浑浊，影响水生植物的光合作用，还会吸附有机毒物、重金属、农药等物质，形成危害更大的复合污染物沉入水底，长年累月会形成淤积。这不仅会妨碍水上交通或减小水库容量，还会增加清淤负担。

2.耗氧有机污染物

生活污水和某些工业废水中含有糖类、蛋白质、氨基酸、酯类、纤维素等有机物质，这些物质以悬浮状态或溶解状态存在于水中，能在微生物作用下分解为简单的无机物。分解过程中氧气被消耗，水质变黑发臭，甚至导致水中鱼类及其他水生生物窒息，因此将此类物质统称为耗氧有机污染物。当水中溶解氧降至4 mg/L以下时，鱼类和水生生物的生存将受到严重影响；当溶解氧降至零时，水中厌氧微生物占据优势，厌氧微生物在降解过程中会产生硫化氢、氨、硫醇等具有刺激性气味的物质，导致水体变黑发臭，从而完全丧失使用功能。耗氧有机物的污染是当前我国最普遍的一种水污染。由于有机物成分复杂、种类繁多，一般用BOD$_5$、COD或TOC（总有机碳）等综合指标表示耗氧有机污染物的量。

3.酸碱污染物

酸碱污染物排入水体会使水体pH值发生变化，破坏水体的自然缓冲作用。当水体pH值小于6.5或大于8.5时，水中微生物的生长会受到抑制，致使水体自净能力减弱，并影响渔业生产，严重时还会腐蚀船只、桥梁及其他水上建筑。用酸化或碱化的水浇灌农田，会破坏土壤的理化性质，影响农作物的生长。酸碱污染物进入水体还会使水的含盐量增加、硬度增大，对工业、农业、渔业和生活用水都会产生不良的影响。

4.植物性营养物

植物性营养物主要指含有氮、磷等植物所需营养的有机和无机化合物，如氨氮、硝酸盐、亚硝酸盐、磷酸盐以及含氮和磷的有机化合物。这些污染物排入水体，特别是流动较缓慢的湖泊、海湾，容易引起水中藻类及其他浮游生物大量繁殖，形成富营养化污染（一般认为当氮含量＞0.2 mg/L、磷含量＞0.02 mg/L、生化需氧量＞10 mg/L时，水体处于富营养化状态）。富营养化会使水中溶解氧的含量减少，严重时会导致鱼类窒息而大量死亡，甚至导致湖泊干涸；同时还会导致藻类大量死亡，水体BOD$_5$猛增，造成水体厌氧发酵，产生臭味，恶化水质；还会使饮用水源地的自来水处理厂运行困难，使饮用水产生异味，危害人体健康。

5.石油类污染物

沿海及河口石油的开发、油轮运输、炼油工业废水的排放等，会使水体受到石油的污染，特别是在河口和近海水域，近年来这种污染十分突出。石油类物质进入水体后会漂浮在水面并迅速扩散，形成一层油膜，阻止大气中的氧进入水中，使水生生物缺氧死亡，并妨碍水生植物的光合作用。同时，石油类物质的降解需要消耗水中的溶解氧，可造成水体缺氧，从而间接对水生动植物产生影响。对水生动植物而言，部分石油类物质具有毒性，会使它们死亡。食用在含有石油的水中生长的鱼类，会危害人体健康。漂浮在水面上的油层，可能受水流和风的影响扩散，致使海滩休养地、海滨风景区被破坏，海洋鸟类的生活也会受到影响。

6.毒性污染物

毒性污染物是指那些直接或者间接被生物摄入体内后，可能导致该生物或者其后代发生病变、行为反常、遗传异变、生理功能失常、机体变形或者死亡的污染物。当天然水体中的酚类、氰化物，以及含有汞、镉、铅、砷等元素的有毒物质超过一定浓度时，就会产生生物致死作用。低浓度的有毒物质虽不能使生物死亡，但可在生物体内富集并通过食物链的作用逐级积累，最终影响人体健康。例如，日本水俣病事件就是因工厂将含汞废水排入海湾，经生物甲基化作用，再通过食物链多次富集后，人们长期食用含高浓度有机汞的海产品而导致的；骨痛病则是长期摄入含镉的水和粮食后造成骨骼中钙含量减少所引起的。这两种疾病最终都会导致人的死亡。

7.热污染物

热电厂、金属冶炼厂、石油化工厂等常排放高温废水，这些废水进入水体后会使水体温度升高，这种由大量废热引起的环境污染称为热污染。热污染会影响水生生物的生存及水资源的利用价值。水温升高会使水中溶解氧减少，同时提高微生物的代谢速率，使溶解氧含量下降更快；还会使水体中某些毒物的毒性增加，最后导致水体的自净能力减弱。水温的升高对鱼类的影响最大，严重时会引起鱼类死亡和水生生物种群的改变。

8.病原微生物污染物

废水中的绝大多数微生物是无害的，但有时可能含有少量的致病微生物。例如：生活污水中可能含有会引起肝炎、伤寒、霍乱、痢疾等疾病的病毒、细菌以及蛔虫卵等；屠宰、食品加工等行业的污水中可能含有炭疽杆菌、钩端螺旋体等；医院污水中可能含有各种细菌、病毒、寄生虫等病原微生物。这些污水流入天然水体会传播各种疾病。用受到病原微生物污染的水灌溉农田，会导致受污染地区疾病流行。

9.难降解有机物

难降解有机物是指那些难以被微生物分解的有机物，它们大多是人工合成的，如有机氯化合物、有机芳香胺类化合物、有机重金属化合物以及多环芳烃等。此类有机物的特点是能在水中长期、稳定地存留，并通过食物链富集，最后进入人体，危害人体健康。

10.放射性物质

放射性物质主要来自核工业。放射性物质能从水或土壤中转移到动物、植物或其他食物中，并发生浓缩和富集，最后进入人体，危害人体健康。

四、地表水污染的危害

（一）影响人体健康

人体在新陈代谢过程中，把水中的各种元素通过消化道带入人体的各个部分。如果长期饮用水质不良的饮用水，必然会体质不佳、抵抗力减弱，引发疾病。当水中含有有害物质时，对人体的危害更大。例如，长期饮用被汞、镉、铅及砷污染的水，会使人急、慢性中毒或导致机体产生癌变；饮用含氟化合物的水时，化合物极易与蛋白质融合，融合后不易排出体外，会引起中毒反应。另外，由于含氟化合物的化学性质十分稳定，不易被破坏或降解，因此会危害人体全身的脏器，抑制免疫系统，干扰酶活性，破坏细胞膜活性。

（二）影响产业活动正常进行

农业、工业、服务业的正常活动，需要充足的水，而且不同行业对水质也有一定的要求。如果水源受到污染，则工业用水势必要投入更多的处理费用，造成资源、能源浪费，甚至导致产品质量下降，造成经济损失。尤其是食品工业对用水要求更为严格，若水质不合格，生产的食品就会危害人体健康。农业方面，如果长期使用污水灌溉农田，会使土壤的化学成分发生改变，导致土壤板结、龟裂、土质变硬、盐碱化等，且有毒有害物质长期积累，还会影响农作物的产量与质量。水环境质量对于渔业的影响更为直接，水体污染会改变水生生物的原有生存环境，影响鱼类等水生生物的生长、繁殖乃至生存；同时，人如果食用了受污染的鱼类，健康也会受到损害。

（三）影响生态环境结构和功能

水污染会对生态环境造成严重影响。当含有大量营养物质和污染物的生活污水、工业废水进入河流或湖泊等水体，并超过水体的自净能力时，会引起水质污染、水环境恶化、溶解氧含量降低，导致水体发黑、发臭，不仅会严重破坏河流或湖泊等水生态系统的结构和功能，还会影响周围环境的空气质量。

五、地表水体污染修复

地表水环境质量，是指地表水环境质量表征因子和环境要素指标对水体环境功能的适宜性。一般而言，人们会根据地表水环境功能和对应地表水环境质量标准进行符合性评价，确定特定水域和水体环境的质量。在地表水体污染后，水质不能满足水环境功能区、水功能区、保护目标的需要，或水生态系统正常结构和功能受到威胁或破坏，需进行修复。地表水体污染修复是利用物理、化学、生物和生态的技术、方法和工程措施，减少或消除水体中的有毒有害物质，使受污染的地表水体部分或完全恢复到自然状态或达到地表水环境质量要求的过程。

（一）修复原则

（1）地域性原则。应根据水体的地理位置、气候特点、水体类型、功能要求、经济基础等因素，制订适当的水环境修复计划、指标体系和技术途径。

（2）生态学原则。应根据水生态系统自身的演替规律分步骤、分阶段进行修复，并根据生态位和生物多样性原则构建健康的水环境生态系统。

（3）最小风险和最大效益原则。水体修复是一项技术复杂、耗资巨大的工程，而且往往很难预计修复工程是否会给生态环境带来新的负面影响。因此，在水体修复过程中，要对修复工程进行全面论证，以求在将风险降到最低的同时获得最大的环境效益、社会效益和经济效益。

（二）一般程序

地表水修复是一个综合修复的生态工程以及污染源治理过程，任何一种简单的修复措施，即使可立即见效，也难以持续下去。一般情况下，地表水修复应当遵循"控源、截污、疏浚底泥、建立生态岸线、重建水生态系统"的要求进行。

（1）"控源"，即截断目标污染物来源，特别是对于点源输入的污染物，可通过改进工艺、关停排污口，减少和消除污染物向水体输入的主要来源。

（2）"截污"，即通过植物过滤带、截流沟、截污管网等措施的综合运用，减少或消除地表污染物和营养物质向水体持续输送的途径，以便开展下一步的修复工作。

（3）"疏浚底泥"，是通过工程措施将长期污染或污染严重的河湖水体的表层底泥输出，使底泥中的污染物和营养物质无法向水体中持续排放，降低修复难度。

（4）"建立生态岸线"，就是通过生态工程措施，在沿岸建立植物缓冲带、植物隔离带、人工湿地，逐步恢复自然生态过渡带的生态自维持和净化功能。这是河湖水体修复和景观修复技术运用的重要环节。

（5）"重建水生态系统"，就是通过工程学途径，重建水体对水生生物的适宜性，如增氧、增加透明度。在此基础上，采用恢复生态学和生态工程学的手段和技术，重建完整的水生态系统群落结构，恢复水生态系统自维持的生态功能。而后，通过生态系统管理以及生物操纵，实现水环境质量的不断改善，以及水生态系统结构与功能的稳定和维持。重建水生态系统结构与功能，是水环境和水功能修复的质量和效果的具体实现。

（三）修复特点

地表水修复一般不能使地表水体完全恢复到原始状态，因此地表水修复的目标是在保证地表水环境结构健康的前提下，满足人类社会可持续发展对地表水环境功能的要求。

水体修复不同于传统的环境污染控制工程。在传统的环境污染控制工程领域，处理对象是能够从环境中分离出来的废水、废气以及固体废物等，对于这类处理对象需要建造成套的处理设施，在短时间内以最快的速度和最低的成本将污染物净化去除。而在水环境修复领域所修复的水体是环境的一部分，在修复过程中需要保护周围环境，不可能建造将整个修复对象包容进去的处理系统。如果采用传统的净化方法，即使修复了局部水体，也会产生巨大的运行费用。因此，水体修复过程是依靠水生态系统的自我调节能力，辅以人工措施，使超负荷的水生态系统逐步恢复与重建的过程。

第二节　河流水环境修复

一、河流污染

河流污染是指直接或间接排入河流的污染物超过河流的自净能力，造成河水水质恶化、河流生物资源损害的现象，是破坏河流水环境的重要因素。目前，我国河流污染以有机污染为主，主要污染指标是氨氮、生化需氧量、高锰酸盐指数和挥发酚等。根据污染物的来源，可把污染分为外部污染和内部污染。外部污染指外界排入河流的污染物，如工业废水、生活污水等；内部污染是指河流内部向水体释放的污染物，通常指河床底泥、藻类植物、水面漂浮物等。根据污染物的主要类型，可将河流水环境污染分为耗氧污染、富营养化污染和重金属污染三种类型。根据各类型污染指数的计算方法，又可将不同类型的河流污染划分为五个等级（无或低、轻度、中度、重度、极重度）。

世界上绝大多数大工业区和城市都建立在滨河地区，由于大量工业废水和生活污水入河，河流均受到了不同程度的污染。河流污染主要有以下三个特点：

（1）污染程度随径流量的变化而变化。在排污量相同的情况下，河流的径流量越大，污染程度越低，而河流的径流量又随时间、季节变化，因此污染程度也随时间和季节改变。

（2）污染物扩散快，污染影响范围大。河流的流动性使污染的影响范围不限于污染发生区，上游遭受的污染会很快影响到下游，甚至一段河流的污染可以波及整个河道的生态环境（考虑到鱼的洄游等）。

（3）污染危害大。河水是主要的饮用水源，污染物通过饮用水可直接毒害人体，也可通过食物链和农田灌溉间接危及人体健康。

二、河流水环境修复概述

河流水环境修复是指利用生态学理论，采用生态和工程技术手段，修复因人类活动干扰而退化的河流水体，并使其生态结构和服务功能恢复到接近原有状态的过程。在实际修复中，一般很难将河流恢复到完全没有受到人为干扰的状态。因此，一般只是适当修复，即恢复河流的生态功能，使其达到能够满足人类需求的水平。

从20世纪50年代开始，河流水环境修复经历了单一水质恢复、河流生态系统恢复、大型河流生态系统恢复以及流域尺度的整体生态恢复等阶段。目前，针对河流的修复已经把注意力集中在河流及流域的生态恢复上。河流修复的生态系统包括生物系统、广义的水文系统和人工设施系统等。河流水环境修复不能只限于某些河段的修复或河道本身的修复，而是要着眼于生态景观尺度的整体修复。

三、河流水环境修复原则

（一）自然循环原则

自然循环原则是河流水环境修复的基本原则。为贯彻该原则，应利用河流生态系统的自我调节能力，因势利导地采取适当的人为措施，尽可能恢复河流的纵向连续性和横向连通性，防止河床硬质化，使河流生态系统朝着自然和健康的方向发展。河流自然循环受到众多条件的制约，如气候、地质地貌、植被条件、河流状况、土地利用、城市规划、人口社会、产业结构、污染特征和管理机制等，全面综合考虑这些因素方可查明河流受损的程度和原因，并据此明确河流治理的修复阶段和相应措施。

（二）主功能优先原则

河流生态系统各项功能在不同阶段和不同河段的重要程度有所不同，水功能区划和水环境功能区划也不同。对于一些经济发展迅速、开发过度、污染问题突出的地区，需要优先恢复其河流自净功能，达到水域环境功能区要求。对于经济发达但污染问题不突出的地区，可以优先考虑满足生态功能的需求，适当恢复河流水生生境及生物多样性，改善河流生态系统的结构和服务功能。当各项服务功能不能同时满足时，可以优先考虑河流的水域环境功能，并依此来确定相应的功能指标。

（三）因地制宜，分时段考虑原则

在不同的时间尺度或不同时段，河流生态系统会因外部条件而改变或因各项功能主导作用的交替变化而具有不同的动态变化特征。从较长的时段来看，河流系统功能的生态修复不可一蹴而就，对于受损程度不同、约束条件不同的河流，应该根据实际情况明确河流当前所处的修复阶段，因地制宜，合理规划修复进程。

（四）综合效益最大化原则

河流生态系统的复杂性决定了最终修复结果和演替方向的不确定性，河流水环境修复具有周期长、风险大、投资高的特点。因此，需要从流域系统出发进行整体分析，将近期利益与远期利益相结合，通过费用效益分析对现有货币条件下的费用、效益进行比较，根据河流所处的治理修复阶段提出河流水环境修复的最佳方案，以获得最大的河流水环境修复成效，实现社会效益和生态环境效益的最大化。

（五）科学监测和管理原则

对河流的修复需要进行长期的科学监测，及时掌握河流生态系统的变化过程和变化趋势，进而制定科学的管理措施，保证修复效果。

（六）利益相关者有效参与原则

河流水环境修复需要考虑大众的接受度、认同度和支持度。因此，在河流水环境修复的全过程都应贯穿利益相关者的有效参与，最大限度地反映不同利益相关者的需求，使各方面的利益得到有效的协调，从而使生态修复计划得到顺利的实施，河流生态系统得到更好的维护。

四、河流水环境修复目标

河流水环境修复的阶段目标是保障水域环境功能的基本需求，终极目标是建立健康的河流生态系统。河流水环境修复是一个复杂的过程，不仅涉及技术层面上的问题，而且涉及公众参与、政府行为等诸多社会因素。河流管理不应将重点放在调整河流生态系统来适应人类的需要上，而应放在调整人类的开发行为来适应河流生态系统上。河流水环境修复的目的是恢复河流的健康，并依照河流健康的基本标准，在遵循自然规律的前提下，采用现有的工程和生物手段，尽可能地消除人类活动给河流环境带来的不利影响（如拆除硬化的河床及护坡），重建受损或退化的河流生态系统，恢复河流泄洪、排沙等重要的自然功能，维持河流的再生循环能力，促进河流生态系统的稳定和良性循环，实现人与水的和谐相处。

河流水环境修复的任务主要有以下三个方面：①水文条件的恢复。这里所说的水文条件的恢复是广义的，是指适宜生物群落生长的水量、水质、水温、水深和流速等水文要素的恢复。②生物栖息地的恢复。适度的人工干预和保护措施，可以恢复河流廊道的生境多样性，进而改善河流生态系统的结构和功能。③生物物种的保护和恢复，特别是保护濒危、珍稀和特有物种，恢复土著种。

五、河流水环境修复技术

河流水环境修复技术是针对被人类污染的水体或底泥而提出的河流修复方法，主要分为重金属污染修复技术和有机物污染修复技术。

（一）河流重金属污染修复技术

水体重金属污染是指含有重金属离子的污染物进入水体，对水体造成的污染。常见的重金属离子有铬、镉、铜、汞、镍、锌、铅等，矿冶、机械制造、化工、电子、仪表等生产行业排放的工业废水是水体重金属污染的主要来源。这些重金属污染物排放后用常规方法不易处理，通常只能改变它们的存在价态及形式。《污水排入城镇下水道水质标准》（GB/T 31962—2015）明确规定了排入城市下水道的重金属物质的最高允许浓度，超过此标准的含重金属物质的工业废水需要处理达标后排放。目前，重金属污染水体的修复主要有两种思路：一是改变重金属的存在形态，使其钝化，脱离食物链，或使其价态改变，降低毒性；二是利用植物吸收富集重金属离子，然后直接去除植物或淋洗并回收植物中的重金属，从而达到降低水体重金属含量和回收重金属的双重目的。

水体底泥可以直接反映水体的污染历史，也是河流污染物的主要蓄积库。在河流水体修复过程中，水体底泥既是水体各种污染物的汇集点，又是污染河流水质的源。河流底泥中的重金属不仅会对水体产生污染，危害河流的底栖生物，而且会对人类的生产生活带来影响。在环境条件发生改变时，底泥中的各种重金属、有机和无机污染物可以通过与上覆水体的交换作用重新溶于水中，成为制约河流水质的二次污染源。因此，采用合适的修复技术去除重金属或降低河流底泥中的重金属含量具有重要意义。国内外采用的方法一般可分为物理修复、化学修复、生物修复和生物-生态修复。

1.河流重金属污染的物理修复

重金属污染的物理修复主要有原位修复和异位修复两种方法。原位修复主要包括填沙掩蔽、固化掩蔽、物理淋洗和引水等，原位吸收降解污染物不但可以节省大量疏浚费用，而且能减少疏浚带来的环境影响。异位修复主要包括底泥疏浚、固化填埋和用作建筑材料等。其中，底泥疏浚是目前国内中小河道水环境整治中最常用的治理措施之一，可以有效减少内源污染，改善河道水体水质、河道水动力学条件和环境景观。它通过将污染物从河道系统中清除出去，较大程度地削减底泥对上覆水体的污染贡献率，能降低内源磷负荷，从而改善水质。但疏浚过深将会破坏原有的生态系统，且疏浚底泥以其量大、污染物成分复杂、含水率高而难以处理，处理不慎则会造成二次污染。

总体来说，物理修复方法虽然简单、见效快，但是工程量大、成本高，因此不是最理想的修复方法。

2.河流重金属污染的化学修复

重金属污染的化学修复是通过加入碱性物质将底泥的pH值控制在7～8，使重金属形成硅酸盐、碳酸盐、氢氧化物等难溶性沉淀物，将重金属固定在底泥中的修复技术。常用的碱性物质有石灰、硅酸钙炉渣、钢渣等，使用量的多少视底泥中重金属的种类、含量及pH值的高低而定，但使用量不宜过多，以免对水生态系统产生不良影响。当河流污染严重时，可将上覆水体运送至就近的污水处理厂，然后向底泥中加入硫酸、硝酸或盐酸，浸提底泥中的重金属离子；或加入乙二胺四乙酸（EDTA）、柠檬酸等络合剂来萃取分离底泥中的重金属。其中，盐酸能够使浸提液对底泥重金属离子的浸提能力增加20%，被认为是最有效、性价比较高的浸提剂，得到了广泛应用。0.1 mol/L的EDTA对锌的去除率可达70%，对铅的去除率可达30%，但由于成本较高应用受限。

重金属污染的化学修复的突出特点是见效快，但施用的药剂也会产生很多副作用，可能造成二次污染，甚至对水生态系统产生不良影响，因此研究重点应放在使用药剂的选择上。此外，化学修复常和物理修复结合进行。

3.河流重金属污染的生物修复

重金属污染的生物修复是指用动物、植物或微生物来降解河流水体中的重金属物质，通过将重金属转变成低毒性形态或吸附于动植物体内然后移除，达到治理重金属污染的目的。生物修复具有运行成本低、不易引起河流二次污染的特点，主要分为植物修复、动物修复和微生物修复三种。

（1）河流重金属污染的植物修复

重金属污染的植物修复是利用植物的吸收和富集作用降低水体中重金属含量的修复技术，主要分为植物提取、植物稳定和植物挥发三种方法。藻类植物、草本植物和木本植物都可以用于水体重金属污染的修复，其中藻类植物常用于河流底泥的修复。植物对不同重金属的活化作用不同，如印度芥菜能够富集锌、铅和镉等，玉米能够富集铜和镍，遏蓝菜能够富集锌、铅和铜等，羽叶鬼针草能够富集铅和镉，酸模能够富集锌和铅。目前利用植物修复治理重金属污染的研究多集中在发现和培育超富集植物，以及缩短植物的生长周期上，因地制宜地选择植物对重金属污染水体的修复至关重要。

（2）河流重金属污染的动物修复

重金属污染的动物修复是利用某些低等动物吸收转化底泥中的重金属的修复技术。甲壳类和环节类等底栖动物对重金属具有富集作用，如三角帆蚌和河蚌能够富集铬、铅和铜等重金属的离子。虽然这些低等动物能够降低水体中的重金属污染程度，但重金属在食物链的逐级累积会使高等动物及人类受到危害，加上动物修复所需时间长、成本高，故常用作河流水环境修复的辅助手段。

（3）河流重金属污染的微生物修复

重金属污染的微生物修复是利用微生物的生命代谢活动降低河流水环境中重金属含量的修复技术，主要分为生物氧化还原、生物吸附和生物淋滤三种方法。

生物氧化还原是利用微生物改变河流重金属离子的价态，从而降低或消除重金属毒性的技术。微生物氧化还原处理效率高，如硫酸盐还原菌对一定浓度的Ni^{2+}、Zn^{2+}、Cu^{2+}混合液的去除率可超过90%，但在这一过程中产生的H_2S对水体其他生物具有毒害作用，并且会引起河流溶解氧含量的减少。因此，利用微生物修复河流水环境时，需要同时对河流进行人工复氧，以达到较好的修复效果。

生物吸附是利用微生物或其代谢产物与河流中的重金属发生螯合作用，以降低重金属浓度的技术。微生物吸附速度较快，如木霉菌在12 h内（pH值＝1.0，温度为28 ℃）对Cr^{5+}的生物吸附去除率可达99%。但生物吸附容易受到微生物种类及外在环境条件的影响，其机理研究不足，致使基于生物吸附原理的修复体系至今仍不完善。

生物淋滤是利用微生物或其代谢产物的直接或间接作用，将河流中不溶态的重金属转化为可溶态，从而进行分离浸提的技术。生物淋滤可利用的细菌种类较多，包括硫杆菌属、硫化杆菌属、酸杆菌属、嗜酸菌属、铁氧化钩端螺旋菌和部分兼性嗜酸异养菌等。这一技术在污泥重金属脱除中应用较多，如酸杆菌属在14 d的好氧消化后，对污泥中的镉、铜、镍、锌和铅等重金属的去除率可分别达到38%、73.8%、54%、88%和20.1%；在温度为37 ℃时，生物淋滤技术对底泥中铬、铜、镍和锌的去除率均高于90%，对铅的去除率也高达60.4%。生物淋滤技术因其使用成本低、重金属去除效率高且对环境影响小等优点，在有色重金属环境污染治理领域得到了一定的应用，是一种具有发展前途的重金属污染治理技术。但生物淋滤的滞留时间长，导致整体浸出效率低，故这一方法尚未得到产业化应用，今后生物淋滤技术的研究应多集中于减少淋滤滞留时间和进一步提高重金属去除效率上。

生物修复相较于其他方法具有明显的成本优势，并且对环境影响较小，目前已大规模应用于河流污染修复中，特别是微生物修复法因微生物生长周期短、繁殖速度快、适应性广的优点而得到广泛应用。在生态环境综合治理的背景下，应以生物修复为主，以物理修复、化学修复为辅，发挥各项技术的优点以达到更好的修复效果。

4.河流重金属污染的生物-生态修复

重金属污染的生物-生态修复是利用河流生态系统的自我恢复能力，辅以人工措施，使遭到破坏的河流逐步恢复，并向良性循环方向发展的修复技术。单一的修复技术对重金属污染的治理效果有限，而多种修复技术结合应用能更好地解决复杂的污染问题，从而增强河流对重金属的降解能力。例如，在植物

-微生物共生体系中，高等植物能够为微生物提供充足的营养物质和附着场所，其根系分泌物还能增强微生物的降解活性，从而对微生物修复重金属污染起到强化作用；而微生物可以提供植物生长所需的无机盐，并在高等植物根系周围形成厌氧、缺氧和好氧微生物降解功能区，使植物能够更好地降解重金属。

利用河流生态系统的自我修复能力，辅以生物修复技术为主的多种技术进行协同修复，不仅可以减少二次污染，还可以形成一条高效低耗的可持续发展道路，具有很好的潜在应用前景。

（二）河流有机物污染修复技术

河流中的有机物主要来源于人类排泄物和生产生活中的废弃物等，其主要成分是糖类、蛋白质、尿素和脂肪，由碳、氢、氧、氮和少量的硫、磷、铁等元素组成。工业废水也是少量水体有机物的来源之一，其中的有机物种类繁多、成分复杂，对生物有一定的毒害或抑制作用。有机物按照被生物降解的难易程度可分为两类：第一类是可生物降解有机物，如糖类、有机酸碱、蛋白质与尿素等；第二类是难生物降解有机物，如油类污染物、酚类物质、有机农药、有机卤化物与多环芳烃等。第一类有机物可被微生物直接氧化，第二类有机物可被化学氧化或被经过驯化、筛选的微生物氧化。

水体中的有机物成分复杂，难以用具体的指标区分或定量。但由于有机物可被氧化，可采用氧化过程的耗氧量作为有机物总量的综合指标。常用的指标有TOD（总需氧量）、COD、BOD和TOC等。清洁水体中的BOD_5含量应低于3 mg/L，若BOD_5超过10 mg/L则表明水体已经受到严重污染。对水体有机物污染采用的修复方法也有物理修复、化学修复、生物修复和生物-生态修复四类。

1.河流有机物污染的物理修复

河流有机物污染的物理修复主要包括稀释、曝气和底泥疏浚三种方法。

通过引水来稀释污染水体，可以降低水体中有机污染物浓度，增加水环境的容量。引水稀释过程可增强水体的流动性，对沉积物-水体界面物质交换有积极影响；也可增加水体溶解氧含量，抑制底泥污染物的释放，有助于水体生态系统的恢复。

水体中大量有机物的分解会造成水体出现缺氧或厌氧状态，进而导致水体中鱼类死亡、溶解盐释放和恶臭产生，采取人工曝气可以使水体中的溶解氧得以恢复。同时，曝气能使水体中溶解性铁、锰以及硫化氢、二氧化碳、氨氮等物质浓度大大降低，还可有效抑制底层水体中磷的活化和向上扩散，限制藻类的生长。

通常底泥中所含污染物的浓度比水体中高很多倍，在一定条件下，底泥中的污染物能够重新向水体释放，导致水体污染。因此，河流污染严重时应采取措施疏浚底泥，以降低水体的内源污染负荷量和底泥污染物重新释放的风险，同时去除底泥中的持久性有机污染物。

稀释水体并没有真正去除污染物质，而且调水工程消耗大，会受到季节限制。河道曝气工艺可以充分利用河道原有的工程设施，就地实现污水资源化，是投资少、见效快的环境污水处理工艺。但其缺点是对排放时间、排放地点与排放水质均不确定的污染源的反应能力弱，只适用于具有固定污染源的河流。此外，城市河道水面一般较窄，且河道中长年有水流动，因此城市河道清淤疏浚工作较为困难。特别是有些需要清淤的河道靠近闹市区，疏浚工作必须安排在夜间进行，这也会给施工带来一定的不便。因此，物理修复只能作为修复过程的辅助技术。

2.河流有机物污染的化学修复

有机物污染的化学修复主要靠向河流投入化学修复剂与污染物发生化学反应，从而使有机污染物易降解或毒性降低。化学修复主要包括化学絮凝和化学除藻等方法。

（1）化学絮凝

化学絮凝是通过投入絮凝剂等化学药剂去除水体中污染物以改善水质的污水处理方法。常用的絮凝剂有：硫酸亚铁、氯化亚铁、硫酸铝、碱式氯化铝、明矾、聚丙烯酰胺、聚丙烯酸钠等。絮凝沉淀对于控制污染河流内源磷负荷，特别是河流底泥的磷释放，有一定的促进效果。但是，化学药剂的投入会明显增加河流底泥的含量，不是一种可持续的处理方法。

（2）化学除藻

化学除藻能快速有效地控制藻类生长，可作为严重富营养化河流的应急修复措施，常用的化学除藻剂有硫酸铜、西玛津等。化学除藻操作简单，可在短时间内取得明显的除藻效果，提高水体透明度。但是该法不能将氮、磷等营养物质清除出水体，不能从根本上解决水体的富营养化问题，而且除藻剂的生物富集和生物放大作用对水生态系统可能产生负面影响，长期使用除藻剂还会使藻类产生抗药性。因此，除非应急和健康安全许可，化学除藻一般不宜采用。

化学修复方法简单，在某些特殊的条件下对污染严重的河流运用化学修复，能够起到控制和缓解污染的作用。但它同样是一种不可持续的技术手段，只能作为河流水环境有机物污染修复的辅助技术。

3.河流有机物污染的生物修复

有机物污染的生物修复是指用生物或生物菌群降解河流水体中的有机物（如有机氮、氨氮、石油类和挥发酚等），或使这类物质变成无毒无害的物质（如二氧化碳、氮气或水等），从而使河流水质得到改善，河流生态得到恢复或修复。

（1）河流有机物污染的植物修复

有机物污染的植物修复是利用水生植物表面类似生物膜的净化功能和其在生长过程中可以吸收并同化水体及底泥中的氮、磷等物质的特性，降解水体中的有机污染物的修复技术。植物修复主要分为水生植被恢复和生物浮床技术两种方法。

水生植被的恢复，可以加速水体中悬浮物的絮凝沉降，提高水体透明度，抑制藻类生长，同时为微生物的生长繁殖提供载体和养分，减少水体营养盐含量，增加水体溶解氧含量，削减风浪，为其他生物的恢复创造条件。例如，芦苇具有很强的水质净化、紧缚土壤的能力，并且能够为动植物、微生物提供栖息生存空间；同时芦苇在景观美化和农业生态系统恢复方面是一种非常重要的植物，其作为绿化浅水带和河岸缓冲带的植物材料，已在世界各地广泛应用。

生物浮床是一种像筏子一样的人工浮体。在浮体上钻出若干小孔后，将一些耐污并具有观赏价值的水生植物，如美人蕉、旱伞草等种到里面，再将浮体连接起来，固定在水中特定位置和深度。生物浮床可以像船一样从深水区拉到浅水区，收割和栽种都很方便。其利用生物治污原理，将原本只能在陆地上种植的植物移植到富营养化水体的表面。这些植物的根系扎在水中，会大量吸收水中的氮、磷等营养物质，在美化水域景观的同时，通过吸附和吸收作用削减水体中富含的氮、磷等，重建并恢复水生态系统。据报道，利用生物浮床治理水华，建成2个月就能初步形成景观，水体的异味会得到控制，水体透明度会得到大幅提高；3个月后水华将得到控制。目前，国内许多城市，如北京、武汉、上海等已开始利用此技术处理富营养化水体。

（2）河流有机物污染的动物修复

有机物污染的动物修复是利用水生动物的生命活动逐步降低河流中的有机污染物含量、改善河流水质状况的修复技术。例如，底栖动物螺蛳主要摄食固着藻类，同时分泌促絮凝物质，使河流中的悬浮物质絮凝沉淀；滤食性鱼类如鲫鱼、鳙鱼等可去除水体中的藻类，提高水体的透明度，还可摄食蚊、蝇及其他昆虫的幼虫。因此，在有机物污染的河段中投放适当的水生动物，可有效去除有机污染物，并控制藻类生长。

（3）河流有机物污染的微生物修复

有机物污染的微生物修复是利用河流土著微生物、外来微生物或基因工程菌，以特定方法混合培养成微生物复合体（以光合细菌、放线菌、酵母菌和乳酸菌为主），通过人工投菌或相关工艺（生物滤池、生物转盘、生物流化床、接触氧化、生物膜法等）将河流有机污染物吸收转化成无毒或低毒物质，进而净化水质的一种修复技术。微生物修复过程中能够分解水中动植物残骸、底泥有机碳源及其他营养物，并将它们转化为菌体，相当于进行了一场低费高效的生物清淤。例如，脱氮微生物通过硝化作用和反硝化作用降低氨氮含量，硝化作用产生的硝态氮被植物吸收而退出水体循环，反硝化作用后的氮成为气体退出水体循环。另外，底泥经过硝化作用可减小体积，其物理、化学性质会变得更加稳定。微生物修复能够减少内源污染，并能使河流中80%的有机污染物被有效去除，可广泛应用于有机物污染的河段及城市微污染饮用水源地。另外，为提高微生物对有机污染物的降解速度和水环境修复效率，可采用适当的强化措施，如选择适当季节（15～25℃）进行修复、人工增加溶氧、选择高效复合菌以及补充投加营养物等。

4.河流有机物污染的生物-生态修复

生物-生态修复与单纯生物修复的区别在于：生物-生态修复是一种综合性修复技术，它以生物修复为基础，结合各种物理、化学修复手段以及工程技术措施，使水环境修复具有最佳效果并且耗费最少。有机物污染的生物-生态修复涉及诸多方面的技术，如生物强化人工河道、自然河道生态塘、生态沟渠、生态修复耦合系统以及底泥的生物-生态修复等。

（1）生物强化人工河道

生物强化人工河道，是指结合水系疏通工程和结构现状，构建以生物处理为主体的人工河道。例如，将水质净化设施主体设于河道内或河流一侧，形成多级串联式的生物净化系统，有效去除河道中的有机污染物，从而改善水环境条件。

（2）自然河道生态塘

自然河道生态塘是以太阳能为初始能源，在塘中种植水生植物，进行水产和水禽养殖，形成人工生态系统；生态系统中多条食物链同时进行有机物的迁移转化和能量的逐级传递，从而净化河水中的有机污染物。

（3）生态沟渠

生态沟渠是指根据水生植物的耐污能力和生理特征，充分利用现有沟渠条件，在不同渠段选择利用砾间接触氧化、强化生物接触氧化等措施，逐级净化水质的方法。生态沟渠在发挥分级净化水质功能的同时，能够将净化设施与地表景观融为一体，使河流景观更具观赏性。

（4）生态修复耦合系统

生态修复耦合系统是基于人工湿地、微生物及水生动物的协同净化功能而设计的生态修复系统，可去除河流水体中的营养盐和有机物，从而达到修复河流水环境的目的。该系统在利用湿地植物的同时，构建了新的水生植物系统；在美化景观的同时，合理配置了生态系统营养级结构；在利用多种微生物净化水体的同时，构建了具有完整营养级结构的水生动植物群落，并利用动植物、微生物的协同作用改善河流水质。

（5）底泥的生物-生态修复

底泥的生物-生态修复是利用培育的植物或培养、接种的微生物，对底泥中的污染物进行转移、转化及降解，从而达到底泥修复目的的修复技术。对于有机物污染的河道的底泥的生物-生态修复包括原位修复和异位修复：原位修复是指不经过疏浚，直接采用生物-生态技术对底泥进行修复；异位修复是指对疏浚后的底泥进行进一步的生物-生态修复。

对于有机物污染的河道的底泥，最理想的办法是不疏浚，而是采用生物-生态修复技术在原地直接吸收、降解有机污染物。这样不但可以节省大量疏浚费用，而且能减少疏浚带来的环境影响。自然河道中有大量的植物和微生物，它们都具有降解有机污染物的作用，若相互配合则能够取得更好的修复效果。研究表明，运用水生植物和微生物组成的生态系统能去除多环芳烃。高等水生植物可提供微生物生长所需的碳源和能源，而根系周围数量众多的好氧菌向水中补充氧气，可使根系旁水溶性差的芳香烃，如菲、蒽及三氯乙烯被迅速降解。水生植物的根茎还能控制底泥中营养物质的释放，而根茎在生长后期又方便移除，可再次带走水体中的部分营养物。

采用生物-生态原位修复技术可以使河道整治由环境水利向生态水利转化，但该修复技术在应用中也暴露出以下缺点：一是速度慢。相对于底泥疏浚，底泥修复是一个缓慢的过程。生物-生态原位修复过程中水生植物的生长与季节有关，微生物的生长活性与温度、pH值、溶解氧等诸多因素有关。二是河流水质的变化具有随机性。河流水质一般与进入河流的污染源排放特性相关，与河流周围居民的生活特性和工厂生产周期也相关,接纳污染物的不确定性对用于修复的生物种类提出了很高的要求。三是采用水生植物方法治理污染时,必须及时收割,以避免植物枯萎腐败产生的有机物重新污染水体。

生物-生态异位修复技术需要与底泥疏浚技术同时使用,生物-生态异位修复集疏浚和生物-生态修复技术的优点于一身,有着很好的应用前景。在很多时候,相关部门不得不通过疏浚底泥来治理水体污染,但疏浚后的底泥处理是一个难题。目前国内一般是将底泥施用于农田或进行填埋处理,但这样的处理方式使底泥的利用价值降低,处理不彻底还极易造成二次污染。底泥具有颗粒细、可塑性高、结合力强、收缩率大等特点,如何充分利用底泥并减少处置费用,使底泥变废为宝,是异位修复急需解决的问题。

总的来说,利用培育的微生物、动植物,对河流中的有机污染物进行转移、转化和降解,从而净化河流水体的生物-生态修复技术,具有处理效果好、工程造价相对较低、不需耗能或耗能低、运行成本低廉等优点。另外,使用这种处理技术时不向水体投放药剂,不会造成二次污染,还可以与绿化环境和美化景观相结合,创造人与自然和谐相处的优美环境,比传统的物理、化学修复方法具有更好的经济性和安全性。因此,生物修复技术和以生物修复技术为主的生物-生态修复技术因其经济、高效且有利于环境治理的可持续发展,而成为河流水环境修复的主要发展方向。

第三节　湖库水环境修复

一、湖库水环境污染

湖库是地球表面重要的淡水蓄积库，地表水中可利用的淡水资源有90%蓄积在湖库中。湖库与人类的生产生活密切相关，并且具有重要的社会、生态功能，如调水防洪、引水灌溉、水产养殖、运输和观光旅游等。同时，一些湖泊还是湿地生态系统的一部分，具有较为丰富的生物多样性，为各种生物提供了宝贵的栖息地。

由于湖库具有特定的水文条件，如流速缓慢、水面开阔等，因此与河流相比，湖库在水环境性质、物质循环、生物作用等方面有不同的特征，湖库的污染过程、机理以及污染修复途径也具有不同的特点。湖库污染是指由于污水流入使湖库受到污染的现象。当汇入湖库的污水过多而超过湖水的自净能力时，湖水水质会发生变化，使湖库环境严重恶化，出现富营养化、有机污染、湖面萎缩、水量剧减、沼泽化等环境问题。目前由于农业高强度围垦、水资源不合理开发利用，加上湖库水体受到污染，许多湖库日益干涸、萎缩或消失。湖库萎缩导致了生态结构受损、岸边带湿地破坏、湖库自净能力降低等问题，这些问题是世界许多地区面临的严峻问题。

（一）污染来源

湖库的污染源可分为外源和内源，外源污染又包括点源污染和非点源污染（如表6-1所示）。湖库外源污染的控制和治理一直是湖库水环境修复的主要手段，经过多年的研究和实践，外源控制技术已取得一定实效，但外源控制并没有实质性改变湖库受污染的状况。研究表明，湖库沉积物中污染物的释放造成了一定的湖库污染，特别是内源磷释放造成的湖库富营养化问题。目前，内源控制技术逐渐引起人们的重视。不同污染物的内源释放机制不同，如沉积物中氮释放主要与有机氮化合物的分解程度、速率以及细菌参与的无机形态氮的相互转化有关；沉积物中磷和重金属元素释放与沉积环境的氧化-还原条件有关；生产力强的富营养化湖库表层有机质分解的磷释放可能是沉积磷活化更新的主要机制；而沉积物中的持久性有机污染物则与底栖生物造成的毒性暴露以及食物链传递有关。不同类型的湖库中，污染物的影响方式和程度也不同，浅水湖库中风浪引起的悬浮作用是沉积物中污染物释放的主要原因，而深水湖库中污染物的释放主要与物质形态、湖库季节性分层和理化性质有关。因此，类型不同、主要污染因子不同的湖库，其内源控制技术及污染恢复技术不同。

表 6-1　湖库污染物的来源

污染源	污染类型
点源污染	生活污水、工业污水、养殖污水
非点源污染	农药、化肥冲刷、农田退水、水土流失、大气污物沉降、其他农业活动的无组织排放等
内源污染	底泥污染

（二）污染影响因素

经过长期治理，我国湖库的环境条件虽然有了一定的改善，但相比发达国家，我国湖库的污染仍比较严重。我国湖库污染受到自然因素和人为因素的共同影响。

自然因素有：①绝大多数湖库为汇水洼地，各种污染物质随着地表径流和地下水进入湖体，且因为低洼区湖水流动缓慢，所以污染物在湖区滞留时间较长；②部分平原湖库受季风气候影响，有阵发性过量降雨，亦有干旱季节，前者带有较多污染物质，后者会使水体总氮（TN）、总磷（TP）等的含量升高；③部分高原深水湖泊由断陷形成，深部水体相对静止，水体更新时间长，因此污染物质排出的时间也相当长，如云南抚仙湖，水体更新一次需要167年。

人为因素有：①湖滩围垦。人口稠密区的湖库大多被围垦，湖库面积减小，湖体泥沙淤积增加，湖库调节洪水能力降低。②人为排污。一些湖库，特别是城市内湖库，它们的污染与湖区大量工业和生活污水的排入有直接关系。例如，据统计，玄武湖84.6%的TN和86.5%的TP由城市废水排放引起。③过度使用化肥、围网养鱼，向湖库投放过多饲料等，造成湖体富营养化。④风景旅游区的湖库存在大量游船，游船不仅可能产生严重的石油烃污染，还会在开动时搅动浅水湖底泥，使底泥中的部分氮和磷重新释放。

二、湖库污染修复技术

湖库污染修复技术是针对被人类污染的水体或底泥提出的修复方法，主要分为重金属污染修复技术和有机物污染修复技术。

（一）湖库重金属污染修复技术

重金属进入湖库有两种途径：一是通过工业废水、农业排水等污染源直接进入水体；二是工业生产和生活中使用各种能源，会产生SO_2、NO_x，它们被氧化后的酸性物质通过大气干湿沉降进入水体，当水体处于酸化状态（pH值小于5.6）时，沉积物、土壤中的有毒重金属元素活化，导致湖库水环境中重金属浓度升高和生物活性增强。

湖库的水文等过程控制着重金属的迁移转化和环境毒性效应，如颗粒物沉积作用、沉积物再悬浮、泥-水界面反应等。颗粒物沉积作用主要发生在处于静水环境的湖库中，悬浮颗粒物吸附重金属沉积到底泥中，会降低水体中重金属的生物有效性。沉积物的再悬浮作用主要发生在扰动强烈的湖库中，这一过程会使重金属回到上覆水体，增加水体中重金属的生物毒性，使其成为污染内源。一般条件下，水环境中的重金属倾向于从溶解相转移到固相。湖库重金属污染修复技术主要有物理修复技术、化学修复技术、生物-生态修复技术。

1.湖库重金属污染的物理修复

湖库沉积物疏浚被认为是降低湖库重金属污染物负荷最有效、最直接的措施。但是，并不是所有的疏浚都能达到理想的效果。疏浚底泥的环境效果与疏浚方法有关，疏浚主要考虑的是如何降低沉积物中的重金属污染负荷。因此，在疏浚前，要对沉积物中的重金属种类、含量分布、剖面特征、沉积速率、化学及生态效应有详细的调查和分析，确定疏浚的范围和深度。

引水稀释或冲刷也是一种常用的湖库重金属污染物理修复技术，引水能加快水体的交换频率，降低重金属的浓度，从而使水质得到改善。湖库水的流动性增强，会增加湖库下层水体的溶解氧含量，限制沉积物-水体界面物质交换，从而抑制沉积物中重金属的活化释放。另外，水体稀释或冲刷还会影响重金属向底泥沉积的速率。在高速率的稀释或冲刷过程中，重金属向底泥沉积的比例会减小，但是如果稀释速率选择不当，重金属污染物浓度反而会增加。

2.湖库重金属污染的化学修复

采用沉积物覆盖技术在污染沉积物表面覆盖一层物质，把沉积物和水体隔开，可达到控制重金属释放的目的。覆盖物可以是低污染的沉积物，如沙砾、铝盐、铁盐以及各种材料组成的复合层。该技术的反应机制主要是化学试剂的混凝沉淀作用以及颗粒物对重金属的吸附作用，可以减少水动力或生物扰动，覆盖层所构建的无氧环境有利于某些厌氧细菌对污染物的降解。覆盖技术相比于其他控制技术，花费低、对环境的潜在危害小，适用于湖库重金属污染的修复。但其工作量大，会增加底泥的量，使水体库容变小。

3.湖库重金属污染的生物-生态修复

湖库重金属污染的生物-生态修复主要是依靠一些挺水植物对重金属的吸收和耐受作用。挺水植物中，美人蕉对镉和铜有较强的吸收能力，并且主要累积在地下部分，在20 μmol/L和100 μmol/L的镉和铜的处理下，美人蕉根部对镉的吸收量分别达到1.82 mg/kg和5.98 mg/kg，对铜的吸收量分别达到1.53 mg/kg

和7.60 mg/kg；狭叶香蒲对镉、铜和铅有较好的吸收净化能力，其根部对镉、铜和铅的吸收量分别达到4.67 mg/kg、35.6 mg/kg和13.6 mg/kg；荆三棱对铬的吸收量能达到13.3 mg/kg；旱柳茎对镉的吸收量能达到2.65 mg/kg，并且主要累积在地上部分；高羊茅对锌的吸收率高达55.03%，同样也累积在地上部分；黑麦草对镉、铜和铅的吸收率分别可达31.68%、38.69%和17.12%，主要累积在地下部分。此外，植物对不同重金属有不同的耐受机制，如美人蕉能够限制铜往地上部分转移，使叶部重金属的含量维持在正常水平，从而提高对铜的耐受性；并且能够在根部合成特殊物质，使镉储存在液泡中，从而提高对镉的耐受性。研究表明，应用狭叶香蒲、荆三棱、旱柳、高羊茅和黑麦草对湖库底泥进行修复，能取得较好的重金属污染修复效果。

（二）湖库有机物污染修复技术

工业废水和生活污水是湖库最大的有机污染物来源，此外还包括农业中大量使用的各种农药。有机污染物会通过地表径流、大气-水体交换、大气干湿沉降和地下水渗流进入湖库，在物理、化学及生物作用下发生迁移和转化。一些有毒有机污染物具有疏水性，可以在生物脂肪中富集，即使其在湖库中含量很低，也可以通过水生生物的食物链造成持续性的毒性作用，最终危害人类健康。

有机物排放过多还会导致湖库的富营养化。富营养化是湖库水体由于接纳过多的氮、磷等植物营养盐物质，使湖库生产力水平异常提高的过程。导致湖库富营养化的污染源和途径非常多，包括城市生活污水、工业废水、污水处理厂的排放、地表径流、农业生产排水和大气干湿沉降等。处于富营养化状态的湖库的主要特征是：藻类过度增殖，破坏水体中生态系统原有的平衡，并引起浮游生物种类组成的变化。藻类在水中聚集并覆盖水体表面，会形成蓝绿色絮状物或胶团状物质，称为"水华"，水华会使水体失去表面复氧作用。同时，过量增长的浮游生物的呼吸作用，以及微生物分解沉积于底层的衰亡藻类的过程（包括好氧分解、硝化反应等），都需要消耗大量的溶解氧，因此富营养化水体会严重缺氧。国内外报道过很多由于富营养化水体严重缺氧，鱼虾大量死亡的事例。此外，具有一定水深的湖库，通常具有季节性温度分层的特点，这种季节性温度分层也将导致湖库水的厌氧环境。目前，我国的太湖、巢湖和滇池都处于富营养化状态，具体表现为总氮、总磷浓度水平高，水体透明度低，叶绿素含量高。

目前，针对湖库有机物污染的修复技术主要有以下几类：

1.湖库有机物污染的物理修复

（1）人工曝气增氧技术

人工曝气增氧技术是一种物理修复技术，可提高湖库水中的溶解氧浓度，改善底泥界面厌氧环境，降低内源性磷的负荷；同时，可使湖库水体中铁、锰、硫化氢、氨氮等离子性物质的浓度大为降低。人工曝气增氧技术包括机械搅拌、注入纯氧和注入空气三种方式。机械搅拌是将深层水抽取出来，在岸上或地面上进行曝气溶氧处理，然后将经过溶氧的水再回灌深层。这种技术的应用并不普遍，主要原因是空气传质效率较低，费用较高；而注入纯氧就是向水体输入纯氧，这样虽然可大大提高氧的传质效率，但容易引起深层水和表层水的混合。注入空气可分为全部提升注入和部分提升注入：全部提升注入是指用空气将水全部提升至水面，然后释放；而部分提升注入仅是空气和深层水混合，然后以气泡分离。实践表明，全部提升注入系统与其他系统相比成本最低，而且效果最好。

（2）机械除藻

机械除藻也是常用的湖库有机物污染物理修复技术，即采用打捞船对藻类进行打捞。这种方法简单实用，可以快速除去水面藻类，恢复水体的表面复氧功能。但其缺点是工作量大，治标不治本，并且打捞必须在藻类数量达到一定程度，通常是在藻华发生后才能进行。

2.湖库有机物污染的化学修复

（1）化学沉淀法

化学沉淀法是指投加铁盐和铝盐与水体中的无机磷酸盐产生化学沉淀，以降低水体中磷的浓度，控制水体富营养化。投加的铁盐和铝盐，可以通过吸附或絮凝作用与水体中的无机磷酸盐共沉淀。沉淀的铁磷化合物在还原条件下有可能重新活化再次释放；而铝盐与磷酸盐的结合相对牢固，可在变化范围较大的水环境中稳定存在，甚至在完全氧化的环境中也较稳定。如果铁盐或铝盐的加入量足够大，则它们还能与水体中的OH⁻结合，产生氢氧化铁和氢氧化铝沉淀，氢氧化铁和氢氧化铝可在磷酸沉淀物表层形成"薄层"，从而阻止沉积磷的释放。

（2）化学除藻法

化学除藻法是指向水体中投加各种化学试剂来去除水体中的藻类。以化学除藻法去除藻类效果显著，但存在破坏生态环境的风险。因为除藻剂的化学成分为易溶性的铜化合物（硫酸铜）或螯合铜类物质，这些物质会对鱼类、水草等生物产生一定程度的伤害甚至导致其他生物死亡，还可能产生一些其他不可预测的不良后果，所以化学除藻剂在使用时要非常慎重，须严格按照要求的用量操作，否则会造成严重后果。

3.湖库有机物污染的生物修复

湖库有机物污染的生物修复是新近发展起来的一项低投资、高效益、便于应用、发展潜力巨大的新兴技术。生物修复技术利用特定生物（特别是微生物）对湖库水体中的有机污染物进行吸收、转化或降解，以达到减少或消除水体污染的目的。受污染湖库生物修复的最终目标是恢复湖库水域生态系统的结构与功能特征。

（1）植物修复

湖库有机物污染植物修复，是利用适合湖库环境的水生植物及其共生的微生物来去除水体中有机污染物的修复技术。水生植物和浮游藻类在有机营养物质和光能利用上是竞争者，水生植物能有效抑制浮游藻类生长。人工构建适合水体特征的水生植物群落，能降低浮游藻类数量，提高水体透明度及溶解氧含量，为其他生物提供良好的生存环境，改善湖泊水生态系统的生物多样性。但是水生植物有一定的生命周期，应适时适度收割调控，借以增强有机营养元素的输出，减少水生植物自然凋落、腐烂、分解引起的有机物污染。

（2）微生物修复技术

目前我国规模化、高密度水产养殖业迅速发展，造成部分湖库有机物污染严重，微生物修复的应用前景广阔。光合细菌就是应用较为广泛的活菌制剂，它广泛分布于海洋、湖泊、水田、污泥等，能充分利用光能，以各种有机物为营养源，进行自身营养繁殖。其菌体在生长繁殖过程中能利用有机酸、氨、硫化氢、烷类及低分子有机物，将它们作为碳源和氢供体，进行光合作用，降解去除水体环境中的有机物和有害物质，提高水体中的溶解氧含量，改善水生动植物的生长环境，防治水体富营养化，净化水质。但微生物修复技术目前存在菌种活性不高、菌体容易老化、需要频繁添加，以及成本较高等问题，迫切需要寻找高活性、高适应性的活菌菌种。

（三）湖库水质净化技术

1.生物-生态修复

净化湖库水质最常用的生物-生态修复技术是生物操纵法。生物操纵法是通过调控食物链控制藻类过量生长，从而改善湖库水质的一种生物-生态修复技术。通过对湖库生物群落结构进行调整，可以保护和发展大型牧食性浮游动物，使整个食物网适合浮游动物和鱼类对藻类的牧食。水体中的藻类除受营养物质控制外，还受到浮游动物和鱼类的控制。

生物操纵的主要途径如下：

（1）人为去除鱼类

人为去除鱼类是先将湖库中的鱼类全部捕出或用鱼藤酮杀灭，再重新投放以肉食性鱼类（如大口黑鲈和大眼狮鲈）为主的鱼类群落，控制浮游生物食性鱼类，保护浮游动物，进而控制藻华的发生。鱼藤酮毒性很大，在沿岸投放浓度达0.25 mg/L的鱼藤酮即可杀死小鱼。鱼藤酮除无选择性地杀死鱼类外，也能杀死溞类（无脊椎动物，取食浮游植物，对控制淡水水体中的蓝绿藻有一定作用），会产生负面效应，一般不轻易采用。

（2）投放肉食性鱼类

投放肉食性鱼类控制浮游生物食性鱼类，促进大型浮游动物的发展，抑制藻华的发生，是生物操纵的主要途径之一。许多试验表明，这种方法对改善水质有明显效果。引入的肉食性鱼类有河鲈、北方狗鱼、虹鳟和大口黑鲈等。虽然投放肉食性鱼类有明显效果，但在应用中也受到一定限制，因为只有浮游生物食性鱼类种群数量降到很低时才会有保护浮游动物的效果，而在这种情况下，肉食性鱼类会因食物不足而难以长期存在。另外，一些浮游生物食性鱼类长大后，肉食性鱼类难以捕食它们。

（3）水生植被管理

国内外应用草鱼控制水草的案例有很多，已经证实这种方法长期有效，费用低并且对环境无害。草鱼专吃水草，食量大、生长快、耐低氧，是控制水草疯长的优良鱼种。应用草鱼控制水草的关键是放养量，放养太少起不了作用，放养太多水草又会被吃光，产生负效应。水草对净化水质、抑制藻类发展有重要作用，还可为大型浮游动物提供庇护场所，因此单用草鱼控制水草保护水质的途径是不可取的。但浅水湖泊一般水草比较繁茂，放养少量草鱼是有益的，具体量度需要严格掌握，以不破坏水生植被为度。

（4）投放微型浮游动物

微型浮游动物直接以藻类为食，向水体中投放微型浮游动物能够抑制藻类的过度生长。投放的微型浮游动物通常需在专门的水池中培养，然后投放到目标水域中。这个过程包括食藻性微型动物的大规模培养和确定捕食速率、投放数量和方法等。目前，投放微型浮游动物还主要限于实验室规模的研究。

（5）投放细菌微生物

投放预先培养的细菌微生物，能够迅速吸收和转化水体中的氮、磷污染物，抑制藻类疯长。这些细菌一般是专一性的或选择性的，不影响其他动物群落和植物群落，不破坏水质和设备。但是，目前该方法还主要局限于实验室规模的研究。

（6）投放植物病原体和昆虫

投放植物病原体和昆虫是一种有效的控制水生植物，进而净化水体的方法。其中，可利用的植物病原体多种多样，包括病毒、细菌、真菌、支原体和线虫等，超过10万种，而且大多数是有针对性的，容易散播，可维持自我繁殖。这种方法有应用的实例，能使水生植物的过度生长得到控制，效果一般较好。

生物-生态修复技术是当前水环境修复技术的研究热点。在人们极力倡导饮食安全的今天，这种调控水质的技术极具潜力。

2.人工浮岛技术

人工浮岛是一种生长有水生植物或陆生植物的漂浮结构，主要利用无土栽培技术，采用现代农艺和生态工程措施综合集成的水面无土种植技术。人工浮岛的主要作用是在实施期间由植物吸收和富集水体中的营养物质及其他污染物，并通过最终收获植物体的形式彻底去除水体中被植物累积的营养负荷等污染物。植物是浮岛生物群落及净化水质的主体，这些植物通常是当地水体或滨岸带的适生种，具有生长快、分株多、生物量大、根系发达、观赏性好等特点，兼具一定的经济价值。

浮岛材料及浮岛植物作为人工浮岛技术的重要组成部分，直接决定了人工浮岛技术的处理效果。目前，普遍用到的浮岛材料，其抗风浪性、牢固性以及耐腐蚀性并不理想，如塑料块、泡沫板等材料的抗风浪能力较差，基本不能重复利用。浮岛植物普遍存在根茎容易腐烂的问题，如美人蕉、千屈菜和菖蒲的根茎长期淹没在水下容易腐烂；浮岛植物的根系长度有限，较难对深部水体进行净化。此外，由于人工浮岛只重视水质处理效果，缺乏后期的维护及相应的技术措施，因此无法及时处理植物秸秆、根茎，使其成为又一个污染难题。研发结构稳、质地轻的新型浮岛材料，寻找耐寒、耐水的水生植物，以及采取完整、可行的人工浮岛配套技术措施，将是促进人工浮岛技术取得突破性发展的重要因素。

湖库污染水体的后期修复固然重要，但更应该加强前期防治，在规划的基础上稳步实施退田还湖还湿、退渔还湖，恢复河湖水系的自然连通。同时，要定期开展湖库健康评估，加强水生生物资源养护，增加水生生物多样性，强化山水林田湖系统治理。另外，要加大水源涵养区、生态敏感区的保护力度，对重要生态保护区实行更严格的保护，积极推进建立生态保护补偿机制，加强水土流失预防监督和综合整治。只有同时进行前期预防和后期修复，才能更好地维护湖库的生态环境。

第四节　湿地环境修复

一、湿地概述

（一）湿地环境概述

湿地是指沼泽、泥炭地，以及天然的或人工形成的、永久的或季节性的、静止的或流动的淡水、微咸水或咸水水域，包括低潮时水深不超过6 m的海域（潮间带）。湿地是介于陆地和水体间的一种特殊的生态交错带，是陆地生态系统的重要组成部分。湿地具有两个基本特征：一是在重要植物的生长期内，水位至少接近于地表；二是在土壤水处于饱和的时段内，遍布喜湿性植物。湿地生态系统与土壤圈、大气圈、水圈的绝大部分生物地球化学过程有关。

自20世纪70年代起，湿地就成为国际环境科学和生态学的关注热点。湿地具有其他生态系统无法替代的生态服务功能，包括削减洪峰、水源补给（地表水和地下水）、截流和降解污染物、净化水质、保护生物多样性、调节区域气候、碳汇（泥炭地）、文化娱乐等。其中，泥炭湿地作为全球重要的碳汇，其退化和演变可能成为大气中CO_2含量升高的重要因素。

湿地可以分为河流湿地、湖泊湿地、沼泽湿地、近海与海岸湿地等类型。

根据《湿地公约》第十四届缔约方大会上发布的数据，我国湿地面积约为56.35万平方千米，占全球湿地总面积的4%。湿地作为一个国家或地区重要的战略性生态资源，对生态环境保护和经济社会发展的影响巨大，湿地破坏、退化和消失将严重威胁生态环境安全。

（二）湿地环境面临的威胁

我国超过一半的湿地面临着干旱萎缩、过度放牧、污染、围垦、功能退化等威胁。湿地排干、过度放牧、湿地农业开垦、改变天然湿地用途和城市开发占用天然湿地，严重干扰了湿地生态系统正常的水循环与有机物和无机物的循环过程，尤其是将湿地开垦为农田后，植物残体及沉积泥炭分解速率提高，碳释放量增加，改变了湿地生态系统碳循环的模式。在面临生物资源过度利用威胁的湿地中，湖泊湿地约占40.7%，近海与海岸湿地约占26.4%，沼泽湿地约占19.8%。

湿地环境污染也是我国湿地面临的严重威胁之一，不仅会对湿地生物多样性造成严重危害，也会使湿地结构和功能恶化。湿地的污染因子包括工业废水、生活污水的排放，油气开发等引起的漏油、溢油事故，农药、化肥淋失引起的面源污染，以及水土流失导致的严重泥沙淤埋等，而且环境污染对湿地的威胁正随着城市化和工业化进程而加剧。我国面临环境污染的湿地中，湖泊湿地占39.8%，近海与海岸湿地占24.5%，库塘湿地占24.5%。

湿地被称为"地球之肾"，尤其是河湖湿地、城市湿地以及人口稠密区的天然和人工湿地，其最重要的生态服务功能就是通过吸纳、净化输入地表水体中的氮、磷等营养物质，截流和降解污染物，净化水环境和改善水生态。在面临湿地萎缩和地表水环境恶化的情况下，近年来政府和科研部门及社会公众对湿地环境现状、湿地修复和建设给予了越来越多的关注，城市河流和湖泊湿地、天然景观湿地和农村湿地也越来越多地得到修复和重建，河流源区湿地、泥炭湿地和水源地湿地重建和保护日益受到重视。很多地区通过湿地修复与重建，改善了湿地生境及其生态系统的服务功能，改善了区域生态空间格局和生物多样性状况，减少了地表水体氮、磷负荷及水环境污染，实现了区域水环境质量和生态功能的持续改善。

二、湿地修复技术

湿地环境修复的主要思路是通过对湿地生态系统结构（物种结构、环境结构、时空结构）的恢复和重建，实现湿地生态服务功能（净化水环境、改善水生态、保护生物多样性、调节区域气候等）的改善和恢复。湿地修复技术包括人工湿地系统、生物操纵以及生物稳定塘等。

（一）人工湿地系统

人工湿地系统作为传统污水处理技术的替代和补充工艺，近年来越来越受到重视，尤其适合广大农村、中小城市的污水处理。它是从生态学原理出发，模拟自然生态系统，人为地将土壤、沙、石等材料按一定比例组合成基质，并栽种经过选择的耐污植物，培育多种微生物，组成类似于自然湿地的新型污水净化系统。

1.人工湿地系统的相关概念

人工湿地系统是人工建造的、可控制和工程化的净化功能强化的湿地系统。污水在人工湿地系统中沿给定方向流动的过程中，在土壤、人工介质、植物、微生物的物理、化学、生物协同作用下，被过滤、沉淀、生物降解，其中有机污染物、氮、磷和重金属的含量显著降低。人工湿地系统的主要优点是缓冲容量大、处理效果好、运转维护管理方便、工程基建和运行费用低、对负荷变化适应能力强等，缺点是占地面积大。人工湿地系统净化污水的作用机理如表6-2所示。

表 6-2 人工湿地系统净化污水的作用机理

作用机理		对污染物的去除与影响
物理过程	沉降	可沉降固体在湿地及预处理的酸化（水解）池中沉降去除，可絮凝固体也能通过絮凝沉降去除，从而去除 BOD、N、P、重金属、难降解有机物、病原生物等
	过滤	通过颗粒间的相互作用，及植物根系的阻截作用，使可沉降及可絮凝固体被阻截而去除
化学过程	沉淀	磷及重金属通过化学反应形成难溶解化合物，或与难溶解化合物一起沉淀去除
	吸附	磷及重金属被吸附在土壤和植物表面而被去除，某些难降解有机物也能通过吸附去除
	分解	通过紫外辐射、氧化还原等反应过程，使难降解有机物分解或变成稳定性较差的化合物
生物过程	微生物代谢	通过悬浮的、底泥的和寄生于植物上的细菌的代谢作用，将凝聚性微生物代谢固体、可溶性固体进行分解；通过生物硝化-反硝化作用去除氮；微生物也将部分重金属氧化并经阻截或结合将其去除
	植物代谢	通过植物对有机物的代谢而去除，植物根系分泌物对大肠杆菌和病原体有灭活作用
	植物吸收	相当数量的氮、磷、重金属及难降解有机物能被植物吸收而去除

2.人工湿地系统的类型

按照系统布水方式或水体在系统中的流动方式，一般可将人工湿地分为表面流人工湿地系统、水平潜流人工湿地系统和垂直流人工湿地系统。

（1）表面流人工湿地系统

表面流人工湿地是指湿地纵向有坡度，不封底，土层不扰动，但表层需经人工平整置坡的湿地，其剖面如图6-1所示。污水进入表面流人工湿地系统后，在流动过程中与土壤、植物，特别是植物根茎部的生物膜接触，通过物理、化学及生物反应得到净化。表面流人工湿地系统类似于沼泽，不需要砂砾等物质做填料，因而造价较低。它操作简单，运行费用低，但占地面积大，水力负荷小，净化能力有限。表面流人工湿地系统中的氧气来源于水面扩散和植物根系传输，系统受气候影响大，夏季易滋生蚊蝇。

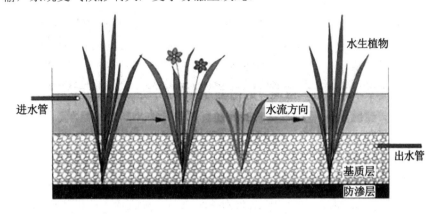

图 6-1　表面流人工湿地系统剖面示意图

（2）水平潜流人工湿地系统

水平潜流人工湿地系统主要由挺水植物（如芦苇、香蒲等）和微生物组成，其剖面如图6-2所示。湿地床底有隔水层，纵向有坡度。进水端沿床宽构筑有布水沟，内置填料。污水从布水沟一端投入床内，沿介质下部潜流呈水平渗滤前进，从另一端出水沟流出。在出水端砾石层底部设置多孔集水管，可与能调节床内水位的出水管连接，以控制、调节床内水位。水平潜流人工湿地系统可由一个或多个填料床组成，床体填充基质，床底设隔水层。水平潜流人工湿地系统水力负荷与污染负荷较大，对BOD、COD、SS（悬浮物）及重金属等处理效果好，氧气来源于植物根系传输，少有恶臭与蚊蝇；但控制相对复杂，脱氮除磷效果欠佳。

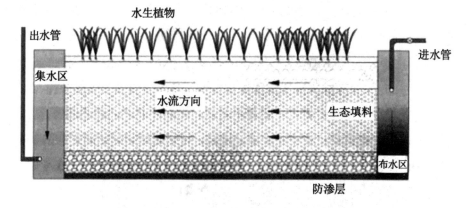

图 6-2　水平潜流人工湿地系统剖面示意图

（3）垂直流人工湿地系统

垂直流人工湿地系统实质上是水平潜流湿地与渗滤型土地处理系统相结合的一种新型人工湿地系统，其剖面如图6-3所示。垂直流人工湿地系统采取地表布水，污水经水平渗滤，汇入集水暗管或集水沟流出。该系统通过地表与地下渗滤过程中发生的物理、化学和生物反应使污水得到净化。一般来说，土壤的垂直渗透系数大大高于水平渗透系数，因此垂直流人工湿地系统在湿地构筑时不仅引导污水呈垂直方向流动，而且引导其呈水平方向流动，在湿地两侧地下设多孔集水管以收集净化出水。此类湿地系统可延长污水在土壤中的水力停留时间，从而提高出水水质。垂直流人工湿地的床体处于不饱和状态，氧气通过大气扩散与植物根系传输进入湿地系统，硝化能力强，适于处理氨氮含量高的污水；但处理有机物能力欠佳，控制复杂，落干/淹水时间长。

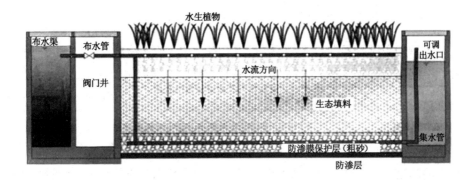

图6-3　垂直流人工湿地系统剖面示意图

（二）生物操纵

在采用生物操纵技术后，湿地的浮游生物群落和水质都能够得到预期的变化和改善，水体透明度大大提高，且浮游植物量及TP浓度大幅度降低。因此，在湿地环境修复领域，生物操纵技术是一项很有应用前景的技术。在实际应用中，生物操纵技术的操作难度较大，条件不易控制，生物之间的反馈机制和微生物的影响很容易使水体又回到原来的以藻类为优势种的浊水状态。

水生动物作为湿地生态系统的一个重要组成部分，其作用也会对生态系统的净化效果产生较大影响。利用水生动物进行水体净化，必须考虑生物种群的关系，因为水体中生物种类和数量的改变会影响其他生物种群和数量的变化，对整个水体生物的稳定发展和运行产生不利影响。目前，由于国内针对水生动物修复水环境技术的研究相对较弱，这项技术未能广泛应用到湿地修复中。在运用生物操纵技术进行修复湿地环境时，要从生态位和食物链的角度，选择适合生态系统发展、不会造成重大破坏的动物种群和种类。良性的水体生态循环是保证湿地生态系统结构和功能稳定的重要前提。

（三）生物稳定塘

生物稳定塘通常是深度为1.0～1.5 m的浅塘，通过各种好氧、厌氧过程和食物链处理受污染水体。生物稳定塘是高效性、集中性湿地修复技术，但目前存在较多不足，如修复周期较长、占地面积较大、积累污泥严重、容易散发臭味和滋生蚊蝇等，导致生物稳定塘的有效容量较小。另外，稳定塘的修复效果受气候条件变化的影响较大。随着研究和实践的逐步深入，在原有生物稳定塘技术的基础上，已发展出很多新型稳定塘技术和组合工艺，比如水解酸化＋稳定塘工艺、气浮＋氧化沟＋稳定塘工艺、微电解＋接触氧化＋稳定塘工艺、混凝＋生物膜曝气池＋氧化塘等多种组合工艺技术。这些技术的不断出现，进一步强化了生物稳定塘的优势，也弥补了原有技术的不足。

第七章　地下水环境修复

第一节　地下水及其污染

一、地下水概述

（一）地下水的基本概念

地下水是指地面下的水，主要是由雨水和其他地表水渗入地下聚集在土壤或岩层的空隙中形成的。一般而言，地下水水位较为稳定、水质较好，是干旱区与缺水区城市工农业用水的主要水源。但在一定条件下，地下水的变化也会引起沼泽化、盐渍化、滑坡、地面沉降等不利自然现象。在我国，地下水资源的地域分布十分不均，呈现南高北低的状态：占据全国总面积64%的北方地区仅占有全国地下水资源总量的30%；而占据全国总面积36%的南方地区则占全国地下水资源总量的70%。

（二）地下水的分类

地下水按矿化程度可分为淡水、微咸水、咸水、盐水、卤水；按含水层性质可分为孔隙水、裂隙水、岩溶水；按地下埋藏条件又可分为上层滞水、潜水和承压水。下面，我们将根据地下埋藏条件的不同，对各种类型的地下水进行描述。

1.上层滞水

在包气带中存在局部隔水层时，其上部可积聚具有自由水面的重力水，称为上层滞水。上层滞水接近地表，补给区和分布区一致，可受当地大气降水及地表水的入渗补给，并以蒸发的形式排泄。上层滞水在雨季可获得补给并储存一定的水量，而在旱季则逐渐减少甚至干涸，动态变化显著。由于地表至上层滞水的补给途径很短，因此上层滞水极易受到污染。

2.潜水和承压水

饱水带地下水面以下的岩土空隙全部为液态水所充满，既有结合水，也有重力水。在饱水带中，由于含水层所受隔水层限制的状况不同，其又分为潜水和承压水。

（1）潜水

潜水是地表以下埋藏在饱水带中的具有自由水面的重力水。潜水没有隔水顶板，或只具有局部的隔水顶板。潜水的自由水面称为潜水面，潜水面上任意一点的高程为该点的潜水位。潜水面到地表的铅垂距离为潜水的埋藏深度。潜水在重力作用下从高处流向低处，称为潜水流。在潜水流的渗透途径上，任意两点的水位差与该两点的水平距离之比称为潜水流在该处的水力梯度，潜水流的水力梯度一般都很小，常为万分之几至百分之几。

潜水含水层的分布范围称为潜水分布区，大气降水或地表水入渗补给潜水的地区称为补给区。由于潜水含水层上面不存在连续的隔水层，可直接通过包气带与大气相通，因此在其分布范围内可以通过包气带接受大气降水、地表水或凝结水的补给，即在通常情况下，潜水的分布区与补给区基本一致。由于潜水埋藏位置一般较浅，大气降水与地表水入渗补给潜水的途径较短，加之潜水含水层上部又无连续的隔水层，因此潜水易受到污染。

潜水出流的地区称为排泄区。潜水的排泄方式有两种：一种是潜水在重力作用下从水位高的地方向水位低的地方流动，当径流到达适当地形处，以泉、渗流等形式泄流出地表或流入地表水体，这便是径流排泄；另一种是通过包气带和植物蒸腾作用进入大气，这便是蒸发排泄。排泄方式不同，引起的后果也不一样。当潜水径流排泄时，因水分和盐分同时消耗，故不会引起潜水化学性质的改变。当潜水蒸发排泄时，只排泄水分，不排泄盐分，结果会导致潜水水分消耗，盐分累积，甚至改变水的化学性质。许多干旱盆地中心之所以会形成高含盐量的盐水，就是蒸发排泄的结果。

（2）承压水

承压水是于两个隔水层之间的含水层中充满的具有静水压力的重力水，如未充满则称为无压层间水。承压含水层有上下两个稳定的隔水层，上面的隔水层称为隔水顶板，也叫限制层，下面的隔水层称为隔水底板，顶板、底板之间的距离称为含水层的厚度。在凿井时，如未穿透上部的隔水顶板，则井内见不到承压水；如穿透了隔水顶板，则承压含水层中的水由于其承压性将上升到含水层顶板以上某个高度，之后稳定下来。稳定水位高出含水层顶板面的垂直距离称为承压水头（压力水头）。井内稳定水位高程称为承压水在该点的测压水位，又称承压水位。当测压水位高出地表时，承压水将喷出地表，形成自流水。

承压性是承压水的一个重要特征。例如，基岩向斜盆地的含水层结构如图7-1所示。由于隔水顶板的存在，在含水层分布范围内能明显区分出补给区、承压区和排泄区三个部分。含水层从出露位置较高的补给区获得补给，向另一侧排泄区排泄，当水进入中间承压区时，由于受到隔水顶板的限制，含水层充满水，水自身承受压力并以一定压力作用于隔水顶板，压力越高，揭穿顶板后水位上升越高，即承压水头越大。

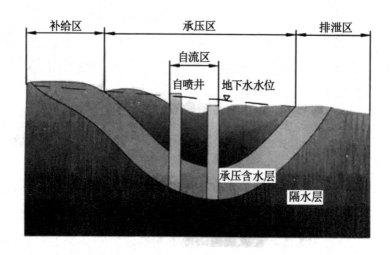

图 7-1 基岩向斜盆地的含水层结构示意图

由于受隔水层的限制,气候、水文因素的变动对承压水的影响较小,因此形成了承压水动态较稳定的特征,一旦被污染,承压水资源将难以补充和恢复。但由于承压含水层厚度一般较大,因此往往具有良好的多年调节性。

承压水的水质变化很大,从淡水到含盐量很高的卤水都有,主要取决于承压水参与水循环的程度。承压含水层补给区的地下水接近潜水,水循环较强烈,故多分布碳酸盐类的淡水;而越往承压区深部,地下水循环越慢,含盐量越高,多为硫酸盐类甚至卤化物类的高含盐量的水。

地下水的结构如图7-2所示。

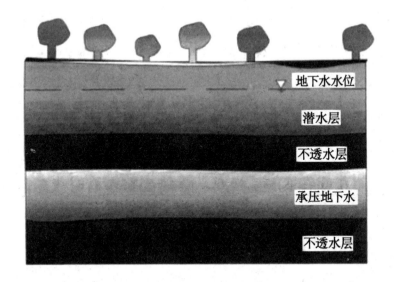

图 7-2　地下水结构示意图

（三）地下水的物理性质

1.温度

通常，根据温度可将地下水划分为过冷水（低于0 ℃）、冷水（0～20 ℃）、温水（20～42 ℃）、过热水（高于100 ℃）。地下水温度对水中盐类含量的影响很大。一般情况下，水温升高，化学反应速度和盐（如钠盐和钾盐等）的溶解度也会提高。由于钙盐的溶解度随温度升高而降低，因此冷水常是钙质的，而热水、温水常是钠质的。

2.颜色

地下水一般是无色的，但有时由于含某种离子较多，或者富集了悬浮物和胶体物质，可显示各种颜色，如含硫化氢的地下水呈翠绿色，含低价铁的地下水呈浅灰绿色，含高价铁的地下水呈黄褐色或锈色，含硫细菌的地下水呈红色，含黏土的地下水呈淡黄色，含腐殖酸的地下水呈暗黑色或黑黄灰色，等等。

3.透明度

地下水的透明度取决于水中固体与胶体悬浮物的含量，含量越多，其对光线的阻碍程度越大，水越不透明。按透明度可将地下水分为四级：透明、微浊、浑浊和极浊（如表7-1所示）。

表7-1　地下水透明度类型

分级	鉴定特征
透明	无悬浮物及胶体，60 cm 水深可见 3 mm 粗线
微浊	有少量悬浮物，大于 30 cm 水深可见 3 mm 粗线
浑浊	有较多的悬浮物，半透明状，小于 30 cm 水深可见 3 mm 粗线
极浊	有大量悬浮物或胶体，似乳状，水很浅也不能清楚地看见 3 mm 粗线

4.气味

地下水通常是无气味的，但当其中含有某些离子或气体时，则会产生特殊气味。气味的强弱与温度有关，一般在低温下不易判别，而在40 ℃左右时气味最显著。故在测定地下水气味时，应将水稍稍加热，以使气味明显易辨。

5.导电性

地下水的导电性取决于其中所含溶解电解质的数量和质量，即取决于多种离子的含量与其离子价。离子含量越多，离子价越低，水的导电性就越强。此外，温度会影响电解质的溶解，从而影响水的导电性。

6.放射性

地下水的放射性取决于其中所含放射性元素的数量。地下水或强或弱都具有放射性，但一般极微弱。贮存和活动于放射性矿床以及酸性火山岩分布区的地下水，其放射性相应地有所增强。

（四）地下水的化学性质

1.酸碱性

地下水的酸碱性主要取决于水中氢离子的浓度，常用pH值表示。根据pH值的大小，可将地下水分为强酸性水（pH值<5）、弱酸性水（pH值为5～7）、中性水（pH值=7）、弱碱性水（pH值为7～9）、强碱性水（pH值>9）五类。

2.总矿化度

地下水中所含的各种离子、分子与化合物的总量，称为地下水的总矿化度，单位以每升水中所含克数（g/L）表示。为了便于比较，水的总矿化度一般用105～110 ℃时将水灼干所得的干涸残余物总量表示；也可以用经过化学分析所得阴离子和阳离子的含量相加，求得的理论干涸残余物总量表示。为了与水灼干时的残余物质量相对应，对于由阴离子和阳离子相加所得的HCO_3^-，只取其质量的一半。按总矿化度划分的地下水水质类型如表7-2所示。

表 7-2 按总矿化度划分的地下水水质类型

类型	淡水	微咸水	咸水	盐水	卤水
总矿化度/（g/L）	<1	1～3	3～10	10～50	>50

3.硬度

水的硬度是指水中含有的能与肥皂作用生成难溶物，或与水中某些阴离子作用生成水垢的金属离子的浓度，其中最主要的离子是Ca^{2+}、Mg^{2+}，其次还有Fe^{2+}、Mn^{2+}、Al^{3+}等。但由于天然水中Fe^{2+}、Mn^{2+}、Al^{3+}的含量甚少，对硬度影响不大，因此常以Ca^{2+}、Mg^{2+}的含量来表示水的硬度。硬度的单位是毫克当量/升（Ca^{2+}、Mg^{2+}的浓度）或毫克/升（CaO或$CaCO_3$的质量浓度）。按硬度划分的地下水类型如表7-3所示，德国度为每升水中CaO当量为10 mg，浓度大致相当于CaO浓度为10 ppm。

表 7-3 按硬度划分的地下水类型

类型	极软水	软水	微硬水	硬水	极硬水
德国度/（°d）	<4.2	4.2～8.4	8.4～16.8	16.8～25.2	>25.2

二、地下水污染概述

地下水污染是指由于人类活动使地下水的物理性质、化学性质和生物性质发生改变，因而限制或妨碍它在各方面的正常应用。目前，我国约90%的城市的地下水遭受着不同程度的有机和无机污染，已呈现由点到面、由浅到深、由城市到农村不断扩展和污染程度加重的趋势。近年来，我国118个大中城市地下水监测结果显示，污染较重的城市占64%，污染较轻的城市占33%。我国地下水质量分布规律是：南方地下水质量优于北方，东部平原区地下水质量优于西部内陆盆地，山区地下水质量优于平原，山前及山间平原地下水质量优于滨海地区，古河道带的地下水质量优于河间地带，深层地下水质量优于浅层地下水。

地下水污染与地表水污染有明显的不同。由于污染物进入含水层后运动较缓慢，污染往往是逐渐发生的，若不进行专门监测，很难及时发现。发现地下水污染后，确定污染源也较困难。更重要的是，地下水污染不易消除，排除污染源并采取修复措施后，虽然可以在较短时期内取得一定的修复效果，但已经进入含水层的污染物仍可能长期产生影响。

（一）污染物来源

进入地下水的污染物按照自然属性可分为自然污染源和人为污染源。自然污染源主要是由地下水所处的土壤、岩层等环境条件，地下水的补给、反补给等运动，以及生物和微生物的生化作用等自然过程造成的。人为污染源包括工业污染源、农业污染源、生活污染源、矿业污染源、石油污染源等，如图7-3所示。下面主要介绍前三种污染源。

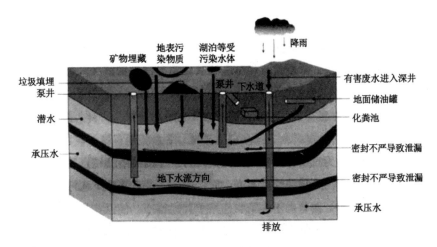

图 7-3　地下水污染来源

1.工业污染源

工业污染源主要指对地下水造成污染的未经处理或处理无效的工业"三废"，即废气、废水、废渣。工业废气如二氧化硫、氮氧化物等，对大气产生严重的一次污染，这些污染物又会随降雨落到地面，然后随地表径流下渗对地下水造成二次污染。工业废水如电镀工业废水、工业酸洗污水、冶炼工业废水、石油化工有机废水等有毒有害废水会渗入地下水中，造成地下水污染。工业废渣如高炉矿渣、钢渣、粉煤灰、硫铁渣、电石渣、赤泥、洗煤泥、硅铁渣、选矿尾矿，以及污水处理厂产生的淤泥等，如果没有合理处置、贮存或意外泄漏，经风吹、雨水淋滤，有毒有害物质就会随径流直接渗入地下水，或者在随地表径流往下游迁移过程中下渗入地下水，造成地下水污染。

2.农业污染源

农业污染源污染地下水的途径广泛，如：农药和化肥对地下水的污染较轻，且仅限于浅层，但长期过量施用农药和化肥，其残留在土壤中并随雨水淋滤渗入地下，会造成大范围地下水的硝酸盐含量升高等，造成地下水污染；用污水灌溉农田，污水中的有毒有害物质会污染土壤，还会通过入渗作用影响地下水；农业耕作活动可促进土壤有机物的氧化，如有机氮转化为无机氮（主要是硝态氮），其会随渗水进入地下水，造成地下水污染；等等。

3.生活污染源

生活污染源是指源于社会生活功能的各项人类活动向环境中排放污染物的场所、设施和装置。城市化程度越高、城市越大、人口越集中，生活污染源污染地下水的风险越高。生活污染源不仅会使地下水的总矿化度、总硬度，以及硝酸盐和氯化物等污染物浓度升高，有时也可能造成病原体污染。

（二）污染方式

地下水污染方式可分为直接污染和间接污染两种。直接污染的特点是污染物直接进入含水层，在污染过程中污染物的性质不变。间接污染的特点是地下水污染并非由于污染物直接进入含水层，而是由于污染物作用于其他物质，使这些物质中的某些成分进入地下水，造成污染；间接污染过程复杂，污染原因易被掩盖，要查清污染来源和途径较为困难。

（三）污染途径

地下水污染途径是多种多样的，大致可归为四类：

一是间歇入渗型：污染物随大气降水或其他灌溉水经过非饱水带，周期性地渗入含水层，主要是污染潜水。淋滤固体废物堆引起的污染即属此类。

二是连续入渗型：污染物随水不断地渗入含水层，主要也是污染潜水。废水聚集地段（如废水渠、废水池、废水渗井等）和受污染的地表水体连续渗漏造成的地下水污染即属此类。

三是越流型：污染物通过越流的方式从已受污染的含水层（或天然咸水层）转移到未受污染的含水层（或天然淡水层），污染物或者是通过整个层间，或者是通过地层间半透水层，或者是通过破损的井管，污染潜水和承压水。地下水的开采改变越流方向，使已受污染的潜水进入未受污染的承压水，这种污染即属此类。

四是径流型：污染物通过地下径流进入含水层，污染潜水或承压水。污染物通过地下岩溶孔道进入含水层即属此类。

（四）污染类型

地下水污染可划分为以下四种类型：①地下淡水的过量开采导致沿海地区的海（咸）水入侵；②地表污（废）水排放和农耕污染造成的硝酸盐污染；③石油和石油化工产品的污染；④垃圾填埋场渗漏污染。其中，农耕污染具有量大面广的特征，淋失的氮肥在经过地层时转化成硝酸盐和亚硝酸盐，长期饮用这种污染的地下水将可能导致青紫症、食管癌等疾病的发生。

第二节　地下水污染修复

一、地下水污染修复的概念

地下水污染修复，是采用物理、化学或生物等工程措施与方法，将有毒有害的污染物转化为无害物质，或使其浓度降低到可接受水平，满足相应的地下水环境功能或使用功能的过程。

二、地下水污染修复技术

根据修复方式，地下水污染修复技术可分为原位修复技术和异位修复技术。地下水的原位修复是指在基本不破坏土体和地下水自然环境的条件下，对受污染对象不做搬运或运输，而在原地进行修复的方法。原位修复不但可以节省处理费用，还可以减少地表处理设施的使用，最大限度地减少污染物的暴露和对环境的扰动，因此有着广阔的应用前景。地下水的异位修复是指先用收集系统或抽提系统将被污染的地下水抽取到地面上，进行净化处理，然后使其经表面土壤反渗回地下水中的方法。异位修复主要包括被动收集和抽出-处理两种方式。

（一）原位修复技术

1.可渗透反应墙技术

可渗透反应墙技术（permeable reactive barrier technology, PRB）是近年来发展迅速的用于原位去除污水中污染物的一种技术。可渗透反应墙是一个填充有活性材料的被动反应区，当受污染的地下水通过时，其中的污染物质能够被降解、吸附或去除，从而使污水得到净化。

PRB适用性广，可有效去除地下水中的多种污染物，具有成本低廉、无须外加动力、可持续原位修复、修复效果好、对生态环境干扰小、性价比高等优势。但该技术仅适用于浅层地下水，不适用于深层地下水。PRB的运行为被动式，虽无须施加外力，但无法保证污染物完全被墙体材料拦截和捕获。同时，长期运行会使墙体材料的活性降低。

针对我国地下水以石油烃类、三氯乙烯、氯苯、亚硝酸铵、硝酸铵和重金属等为主要污染物的实际情况，应用PRB进行地下水环境修复是一个较好的选择。未来我国关于PRB的研究应该集中在以下两个方面：

（1）零价铁型的PRB。解决纳米零价铁的失活问题和研究金属催化剂去除污染物的机理将成为重点研究领域，如怎样抑制地下水体中溶解氧和其他氧化物对纳米零价铁表面的钝化，弄清金属催化作用的机理和最佳催化剂用量等。

（2）微生物降解型的PRB。未来，利用基因工程技术培养纯化特效降解菌，将其作为反应墙的活性材料，从而提高PRB的修复效率，解决反应墙活性材料使用寿命短的问题也是PRB研究的重点。

一般情况下，PRB使用的反应材料与污染物组分及修复目的有关。根据填充介质的不同，反应墙可分为以下四类：

（1）化学沉淀反应墙。该类反应墙的填充介质为沉淀剂（如羟基磷酸盐、$CaCO_3$等），能使水中的微量金属沉淀，但要求沉淀剂的溶解度高于所形成沉淀物的溶解度。

（2）吸附反应墙。该类反应墙的填充介质为吸附剂。针对无机成分的吸附介质包括颗粒活性炭、沸石、黏土矿物等。地下水中的有机污染物主要吸附在有机碳上，因此增加反应介质中的有机碳含量可有效去除水中的有机污染物。吸附反应墙的主要缺点是吸附介质的容量是有限的，一旦吸附介质容量饱和，污染物就会穿透反应墙。因此，使用这类反应墙时，必须确保有清除和更换这种吸附介质的有效方法，如果不能很好解决这个问题，费用就会较高。

（3）生物降解反应墙。该类反应墙的填充介质分为两类：一类是含释氧化合物（如MgO、CaO）的混凝土颗粒，其形态为固态的过氧化合物，它们通过向水中释放氧，为好氧微生物提供氧源和电子受体，使有机物好氧降解；另一类是含NO_3^-的混凝土颗粒，其向水中释放NO_3^-作为电子受体，使有机物在反硝化条件下厌氧降解。

（4）氧化还原反应墙。该类反应墙的填充介质为还原剂。该类反应墙通过还原剂本身被氧化，使污染物参与氧化还原反应，从而达到沉淀（固化）或气化污染物的目的。可以这样说，该类反应墙中的反应介质为沉淀剂，它们可使无机污染物还原为低价态，并产生沉淀。目前常见的反应介质主要为零价铁、二价铁矿物及双金属。

2.原位曝气技术

原位曝气（air sparging in situ, AS）技术是指在一定压力条件下，将一定体积的压缩空气注入含水层中，通过吹脱、挥发、溶解、吸附-解吸和生物降解等作用去除饱水带地下水中可挥发性或半挥发性有机物的一种原位修复技术。从结构系统上来说，原位曝气系统包括以下几个部分：曝气井、抽提井、监测井、发动机等。从机理上分析，地下水曝气过程中污染物去除机制主要包括三个方面：①对可溶挥发性有机污染物的吹脱；②加速存在于地下水位以下和毛细管边缘的残留态和吸附态有机污染物的挥发;③注入氧气,使溶解态和吸附态的有机污染物发生好氧生物降解。

约翰斯顿(C. D. Johnston)等将原位曝气技术和土壤蒸气抽提法相结合,去除砂质地下含水层中的石油烃。结果表明,与单独使用土壤蒸气抽提法相比,将原位曝气技术与土壤蒸气抽提法联用,28天后石油烃去除量提高了1.9倍,同时还为地下水中残留的轻非水相液体(不与包气带及潜水面以下的水发生混合的液体,其中密度比水小的叫作轻非水相液体)的去除创造了更加有利的条件。原位曝气技术在可接受的成本范围内,能够处理较多的受污染地下水,系统容易安装和转移,容易与其他技术联合使用。但是对于既不容易挥发又不容易生物降解的污染物处理效果不佳,且对土壤和地质结构要求较高。原位曝气技术的优缺点如表7-4所示。

表7-4 原位曝气技术优缺点一览表

优点	缺点
设备易安装,操作成本低; 对现场破坏较小; 修复效率高,处理时间短; 对地下水无须抽出、储藏和回灌处理; 更适合消除难以移动的污染物	对于非挥发性污染物不适合; 不适合在渗透率低或黏土含量高的地方使用; 若操作条件控制不当,可能引起污染物迁移

3.原位化学氧化技术

原位化学氧化技术是指在受污染区域建立活性反应区域,同时将周围的污染物随地下水迁移至活性反应区进行分解或钝化固定的修复技术。需要注意的是,活性反应物质必须能在活性区域均匀分布,且本身对环境无害。该技术能对污染物进行就地处置和降解,安装施工比较容易,操作维护较便宜,可以用于深层水污染的修复和处置。同时,反应活性区可以用来截留处于流动状态的地下水中的污染物,避免其向更大的范围扩散迁移。

原位化学氧化技术具有所需周期短、见效快、成本低和处理效果好等优点，常用的氧化剂包括Fenton试剂、臭氧、高锰酸钾和过硫酸盐等。

4.电化学动力修复技术

电化学动力修复技术，是利用电动力学原理对土壤及地下水环境进行修复的一种新的绿色修复技术，通过将电极插入受污染的地下水区域，在施加低压直流电后形成直流电场。由于土坡颗粒表面具有双电层，孔隙水中离子或颗粒带有电荷，引起水中的离子和颗粒物质沿电场方向进行定向运动，因此可以用来清除一些有机污染物和重金属离子，具有环境相容性、多功能适用性、高选择性、适于自动化控制、运行费用低等特点。在电化学动力修复过程中，金属和带电荷的离子在电场作用下发生定向迁移，然后在设定的处理区进行集中处理；同时在电极表面发生电解反应，阳极电解产生H_2和OH^-，阴极电解产生O_2和H^+。而对于大多数非极性有机污染物，则通过电渗析的方式去除。

近年来电化学动力修复技术越来越多地和其他技术或辅助材料相结合。例如，有研究人员等将电化学动力修复技术与超声技术联用，分别处理污染土壤中的铅和菲。结果表明，单独使用电化学动力修复技术修复污染土壤时，铅和菲的去除率分别为88%和85%；技术联用后，污染物去除率分别提高3.4%和5.9%。研究人员将电化学动力修复技术与超声技术联用，以修复土壤中的持久性有机物，发现单独使用电化学动力修复技术时，对六氯联苯、菲和荧蒽的平均去除率分别为63%、84%和74%；技术联用后，平均去除率分别提高11%、4%和16%。这说明，电化学动力修复技术与超声技术联用能够增强土壤及地下水修复的效果。还有研究人员将新型的活性吸附材料竹炭用于电化学动力修复过程中，结果表明每隔24 h改变电极极性方向可以同时去除土壤中75.97%的镉和54.92%的2，4-二氯酚。这预示着电化学动力修复技术在同时去除土壤和地下水中的有机物和重金属方面有新的发展。

未来原位生物修复技术的发展趋势是将电化学动力修复技术与现场生物修复技术优化组合，克服各自的缺点，从而提高有机污染物的降解效率。有研究人员研究了用电化学动力修复技术为微生物输送营养元素，如氨氮和容易摄取的碳等，结果显示：在高岭土中，当氨氮和硫酸根离子的浓度分别是100 mg/L和200 mg/L时，其迁移速度大约是10 cm/d。

5.监测自然衰减技术

监测自然衰减技术，是基于污染场地自身理化条件和污染物自然衰减能力进行污染修复，以达到降低污染物浓度、毒性及迁移性等目的的一种技术；其还要根据污染区域的治理目标，采用相应的监测控制技术，对地下水的自然修复过程进行监测评价。监测自然衰减技术适用于含氧有机溶剂、石油燃料、多环芳烃、苯系物、金属、放射性核素、爆炸物、木材防腐剂、农药、杀虫剂等各种污染物。该技术适用范围较窄，对区域环境和污染物自然衰减能力要求高，一般仅适用于污染程度较低、污染物自然衰减能力较强的区域，且前期需要对场地进行详细勘察，修复周期长，但修复费用远远低于其他修复技术。

6.阻隔技术

阻隔技术是将土壤、膨润土和其他材料混合，形成泥浆墙，阻隔受污染的地下水，防止其向下游扩散的一种技术。阻隔技术适用于污染物总量较大，且可溶性和可移动的污染组分含量高，可能会对地下水源造成影响的情况。该技术只能将污染物阻隔在一个特定的区域中，而不能将污染物从地下环境中去除，只能起到应急控制作用。

7.生物曝气技术

生物曝气（biosparging, BS）技术是原位曝气技术的衍生技术，二者的系统组成部分完全相同。该技术将空气（氧气）和营养物注射进饱和区，以增加土著微生物的生物活性。为了保证处理区能充分氧化，同时又具有较高的有氧生物降解速率，与原位曝气系统相比较，生物曝气系统的曝气速率较低。在实际应用中，无论原位曝气系统还是生物曝气系统，都有不同程度的挥发和生物降解发生。原位曝气系统一般与土壤气相抽提（soil vapor extraction, SVE）系统联合使用，而生物曝气系统一般不需要通过气相抽提系统来处理土壤气相。原位曝气技术与生物曝气技术的异同如表7-5所示。

表7-5 生物曝气技术与原位曝气技术的异同

共同点	不同点
组成部分完全相同； 在实际应用时，都有不同程度的挥发和生物降解发生	生物曝气系统强化了有机污染物的生物降解能力； 生物曝气系统的曝气速率相对较低； 原位曝气系统一般与土壤气相抽提系统联用

8.微泡法

微泡法利用混合的表面活性剂水溶液和空气，在高速旋转的容器里，生成气—水—表面活性剂的微气泡。微气泡具有较大的比表面积和溶氧量，从而大大降低了有机污染物与水之间的表现张力，使有机物更容易黏附于气泡表面并向内部扩散，对有机物氧化降解有潜在利用价值。该法具有效率高、经济适用等特点。

9.释氧化合物技术

释氧化合物技术，是利用过氧化物能够与水反应并缓慢释放氧气的性质，促使地下水中有机污染物的好氧生物降解的一种技术。释氧化合物技术对地下水的生物修复主要通过两种方式进行：①与水混合成浆状，由高压泵注入土壤饱和区，通过扩散和对流作用分散进入含水层中；②以滤袋的形式放入氧源井中，当释氧材料耗尽时，可以取出并替换新滤袋。释氧化合物与水反应除放出氧气外，只有微溶的氢氧化镁或氢氧化钙生成，不会对地下水造成二次污染。该方法的优点是能耗低，价格低廉，不会造成二次污染，操作和后期监测简单；缺点在于修复时间长，对微量污染物修复效果有限，需要长期监测。

（二）异位修复技术——以抽出-处理修复技术为例

抽出-处理修复技术是最早出现的地下水污染修复技术，也是地下水异位修复的代表性技术。应用抽出-处理修复技术，首先应根据地下水污染范围，在污染场地布设一定数量的抽水井，通过水泵和水井将污染了的地下水抽取上来。在抽取过程中，水井水位下降，水井周围会形成地下水降落漏斗，使周围地下水不断流向水井，从而减少污染的扩散。然后利用地面净化设备进行地下水污染治理。最后根据污染场地的实际情况，对处理过的地下水进行排放，可以排入地表径流、回灌到地下或用于当地供水等。抽出-处理修复技术的概念模型如图7-4所示。

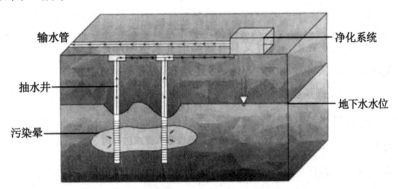

图 7-4　抽出-处理修复技术概念模型

　　在应用抽出-处理修复技术时，在地下水被抽出后，临近的地下水位就会下降并产生压力梯度，使周围的水向井中迁移，离井越近压力梯度越大，形成一个低压区。在解决地下水污染问题时，评估抽提井低压区是关键，因为它能反映抽提井所能达到的极限。抽出-处理修复技术的优、缺点如表7-6所示。

表 7-6　抽出-处理修复技术的优、缺点

优点	缺点
适用范围广； 修复周期短； 技术设备简单，易于安装和操作； 地上污水净化处理工艺比较成熟； 对有机污染物中的轻非水相液体去除效果明显	开挖处理工程费用昂贵； 地下水抽提或回灌对修复区干扰大； 需要持续进行能量供给，以确保地下水抽出和水处理系统正常运行； 要求对系统定期进行维护和监测； 对于重非水相液体来说，治理耗时长且效果不明显； 在不封闭污染源的情况下停止抽水会导致拖尾和反弹现象

第三节 土壤-地下水联合修复技术

一、土壤气体抽提-原位曝气/生物曝气联合修复技术

土壤气体抽提是利用物理方法去除不饱和土壤中挥发性有机物（volatile organic compound, VOC），用引风机或真空泵制造负压，驱使空气流过污染的土壤孔隙，从而夹带VOC流向抽取系统，抽提到地面，再进行收集处理的方法，适用于粒径均匀且渗透性适中的土壤。AS/BS技术主要用于去除潜水位以下的地下水中溶解的有机污染物质。土壤气体抽提-原位曝气/生物曝气联合修复技术（SVE-AS/BS技术）适用于挥发和半挥发性石油污染物对粒径较均匀且渗透率适中的土壤及地下水污染的处理。

SVE-AS/BS联合修复系统的结构如图7-5所示。

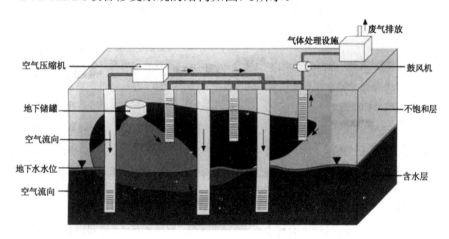

图 7-5 SVE-AS/BS 联合修复系统结构示意图

该系统一般包括空气注入井、抽提井、地面不透水保护盖、空气压缩机、真空泵、气/水分离器、空气及水处理设备等，抽出的污染物或需在地上处理。

该系统利用垂直井或水平井，用气泵将空气注入水位以下，通过一系列传质过程使污染物从土壤孔隙和地下水中挥发，进入空气中。含有污染物的悬浮羽状体在浮力作用下上升，到达地下水水位以上的非饱和区域，通过SVE系统除去污染物。SVE-AS/BS技术去除污染物是多相传质过程，各种修复方法的影响因素如表7-7所示。

表 7-7　SVE-AS/BS 技术中各修复方法的影响因素比较

方法名称	SVE	AS	BS
特点	只对非饱和区域土壤进行处理	依赖于曝气所形成的影响区域大小	主要考虑微生物降解
影响因素	土壤渗透性、土壤湿度、地下水深度、土壤的结构和分层以及土壤层结构各向异性、气相抽提流量、蒸气压和温度	土壤类型、粒径大小、土壤的非均匀性和各向异性、曝气压力和流量及地下水流动	土壤的气体渗透率、土壤的结构和分层、地下水温度、地下水 pH 值、营养物质和电子受体类型、污染物浓度及可降解性、微生物种群

二、生物通风-原位曝气/生物曝气联合修复技术

生物通风（bio-venting, BV）技术是一种生物增强式SVE技术，它将空气或氧气输送到地下环境以促进生物的好氧降解作用。SVE技术的目的是使空气抽提速率达到最大，利用污染物的挥发性将其去除。BV技术通过优化氧气的传送和使用效率，创造好氧条件来促进原位生物降解。BV-AS/BS技术比SVE-AS/BS技术的处理对象范围广，BV技术能去除SVE技术无法去除的低浓度可生物降解的化合物，且能降低尾气处理成本，适于对土壤中挥发性、半挥发性和不挥发性可降解有机污染物的处理。BV-AS/BS联合修复系统如图7-6所示。

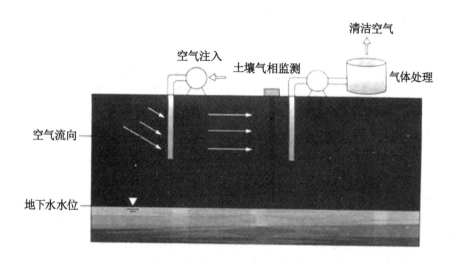

图 7-6 BV-AS/BS 联合修复系统示意图

BV-AS/BS技术主要用于包气带、饱和带中可生物降解有机污染物的联合修复，需注意污染物初始浓度太高会对生物产生毒害作用。该技术不适用于低渗透率、高含水率、高黏度的土壤。该技术通常会设计一系列的注入井或抽提井，将空气以极低的流速通入或抽出，并使污染物的挥发降到最低，且不影响饱和带的土壤。

三、双相抽提技术

双相抽提（dual-phase extraction, DPE）技术是指同时抽出土壤气相和地下水这两种污染介质，对污染场地进行处理的一种技术，相当于土壤抽提技术与地下水抽提技术的结合。DPE技术作为一种创新技术，一般在饱和区和不饱和区都有修复井井屏的情况下使用，处理对象包括饱和区和非饱和区的污染物，以及残留态、挥发态、自由态和溶解态的污染物。

DPE技术根据污染物质是以高流速双相流从单一泵中抽出还是以气液两相从不同泵中抽出，可分为单泵双相抽提和双泵双相抽提，也有增加一个泵辅助抽取漂浮物质的三泵系统,其结构与双泵系统基本一致。单泵DPE系统与双泵DPE系统的比较如表7-8所示。

表 7-8　单泵 DPE 系统与双泵 DPE 系统的比较

名称	单泵DPE系统	双泵DPE系统
适用对象	适用于低渗土壤,不需要井下泵	适用于地下水位波动大或土壤渗透性变化范围较大的场地
优点	借助气体抽提减少地下水费用	设备经过许多条件的验证
缺点	大量地下水需处理,需要使用专业设备,采用高端控制技术	气体处理较贵
共同点	可应用于建筑物底下无法挖掘的区域,对场地扰动小,处理时间短,可显著提高地下水抽提率,可用于受自由移动性非水相液体污染的场地	

四、表面活性剂增效修复处理技术

表面活性剂增效修复处理(surfactant enhanced remediation, SER)技术利用了表面活性剂溶液对憎水性有机污染物的增溶作用和增流作用来驱除地下含水层中的非水相液体和吸附于土壤颗粒上的污染物。SER技术适用于处理多种地下非水相液体污染,可以在较短时间内快速去除污染物。

SER技术的工艺如图7-7所示。SER技术的工艺流程如下:在地面混合罐中配制表面活性剂与助剂(如醇、盐等)的水溶液,将其由注入井注入地下,在地下介质与非水相液体污染物反应后将水溶液由抽提井抽至地面;在地面处理单元中需分离非水相液体污染物,再将回收的表面活性剂和经处理的水送回混合罐循环使用。

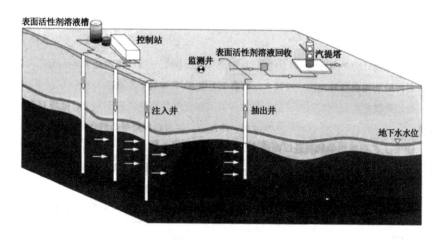

图 7-7 SER 技术的工艺示意图

选取适当的表面活性剂和助剂，并调配合适的微乳液体系是SER技术的关键。在选择表面活性剂时，应主要考虑表面活性剂本身的性质和现场应用时的相关问题。表面活性剂分为阴离子表面活性剂、阳离子表面活性剂、两性表面活性剂及非离子表面活性剂四种类型。应当注意，阴离子表面活性剂和阳离子表面活性剂一般不能混合使用，否则会产生沉淀而令表面活性剂失效。在现场应用表面活性剂时，一般须考虑土壤类型、水和污染物界面张力、污染物溶解度、污染物类型等因素。

参 考 文 献

[1] 艾贞. 水环境监测及水污染防治研究[J]. 低碳世界，2023，13（3）：31-33.

[2] 车娅丽. 水环境监测中铜元素的实验室精密度偏性试验[J]. 河南水利与南水北调，2023，52（4）：107-108.

[3] 陈凤声. 水环境监测的质量控制与保障措施[J]. 清洗世界，2022，38（9）：96-98.

[4] 陈兴亮. 水环境监测的质量控制及保障措施探究[J]. 现代盐化工，2023，50（1）：42-44.

[5] 程鹏飞. 水环境监测工作的技术要点与改进策略[J]. 皮革制作与环保科技，2023，4（6）：180-181，184.

[6] 符哲. 水环境监测中生物监测技术的运用探讨[J]. 皮革制作与环保科技，2023，4（1）：16-19.

[7] 高娜，文婷. 探究大数据在水环境监测与管理的应用[J]. 清洗世界，2023，39（4）：172-174.

[8] 高晓霞. 水环境监测的质量控制及优化策略[J]. 中国高新科技，2022（20）：126-128.

[9] 谷兆莉. 我国水环境监测中存在的问题与对策探讨[J]. 皮革制作与环保科技，2022，3（22）：48-50.

[10] 郝旭蓉. 水环境监测管理常见问题和应对措施[J]. 山西化工，2023，43（1）：224-225，230.

[11] 何强，董晓倩，胡玲娟. 环境废水采样和水环境监测影响因素分析研究[J]. 皮革制作与环保科技，2023，4（5）：72-74.

[12] 胡永森，周朝阳. 基于高分数据的赣江流域水环境监测平台设计与实现

[J].环境保护与循环经济，2022，42（10）：81-83，110.

[13] 惠亚梅.生物监测技术在水环境监测中的应用[J].中国资源综合利用，2023，41（1）：124-126.

[14] 惠亚梅.水环境监测质量控制与管理研究[J].清洗世界，2023，39（2）：184-186.

[15] 贾爱云.基于无线传感技术的水环境监测系统设计[J].皮革制作与环保科技，2023，4（2）：44-46.

[16] 姜薇.水环境监测存在的问题及对策分析[J].资源节约与环保，2022（8）：33-36.

[17] 解婷婷.水环境监测的质量控制及保障措施探究[J].资源节约与环保，2022（12）：75-78.

[18] 李聪聪，许雅琪，蔡俊杰.宿迁市2022年度水环境监测分析及建议[J].化工设计通讯，2023，49（2）：171-173.

[19] 李婧.水环境监测中存在的问题及对策探索[J].皮革制作与环保科技，2022，3（17）：130-132.

[20] 李敏慧.水环境监测及水污染防治探究[J].清洗世界，2022，38（9）：99-101.

[21] 李鑫，裴松松.离子色谱技术在水环境监测中的应用分析[J].皮革制作与环保科技，2023，4（5）：14-15，18.

[22] 李云红，张伟亚.水环境监测中六价铬的检测方法及可靠性分析[J].化学工程与装备，2022（12）：217-218，211.

[23] 李志远.水环境监测中遥感技术的作用及应用策略分析[J].清洗世界，2023，39（3）：155-157.

[24] 廉静.实时无污染多参数水环境监测技术研究[J].科学技术创新，2023（12）：55-58.

[25] 廖丹.水环境监测全过程质量体系构建及对策分析[J].清洗世界，2023，39（4）：112-114.

[26] 刘景兰,葛菲媛,秦磊,等.地下水环境监测井评估体系构建研究[J].环境监控与预警,2022,14(6):77-81.

[27] 刘军,姚风淑,徐潇潇.探究流域水环境监测全过程质量控制对策[J].皮革制作与环保科技,2023,4(5):45-47.

[28] 刘倩.基于灰色关联的广东省经济增长与水环境监测指标耦合关联性研究[J].河南科技,2022,41(17):103-109.

[29] 柳维,杨维.水质自动监测系统在水环境监测中的应用[J].中国资源综合利用,2022,40(10):46-48.

[30] 马成孝.水环境监测中现场采样质量保证的要点分析综述[J].皮革制作与环保科技,2022,3(21):44-45,51.

[31] 马积俊.水环境监测质量管理制度的构建分析[J].地下水,2022,44(5):106-107.

[32] 马静.水环境监测及水污染防治探究[J].清洗世界,2022,38(11):104-106.

[33] 潘法安.关于水环境监测及水污染防治的相关思考[J].黑龙江环境通报,2023,36(2):76-78.

[34] 蒲慧晓.水环境监测技术及污染治理研究[J].资源节约与环保,2022(8):49-52.

[35] 申敏.水环境监测工作现状、问题与对策[J].黑龙江环境通报,2023,36(1):78-80.

[36] 师晓燕.水环境监测质量控制途径分析[J].山西化工,2023,43(2):178-180.

[37] 师艳红.水环境监测存在的问题及对策分析[J].清洗世界,2023,39(2):119-121.

[38] 谭锦华.珠江流域水环境监测与智慧化管理策略[J].城市建设理论研究,2022(36):88-90.

[39] 唐明.浅谈水环境监测现状及发展趋势[J].皮革制作与环保科技,2023,

4（5）：67-68.

[40] 涂春林.快速溶剂萃取技术在水环境监测中的应用研究[J].山西化工，
2022，42（7）：136-139.

[41] 王贵，袁丽艳.离子色谱技术在水环境监测中的性能分析[J].皮革制作与
环保科技，2022，3（17）：37-39.

[42] 王坤，崔伟洋.高效液相色谱仪在水环境监测中的应用与发展探究[J].清
洗世界，2022，38（11）：101-103.

[43] 王瑞娟.生物技术在水环境监测中的应用研究[J].皮革制作与环保科技，
2022，3（24）：33-35.

[44] 吴昊，吴子昂，孟庆斌，等.水环境监测场景中的自主巡航无人船系统[J].
电子制作，2023，31（2）：14-17.

[45] 谢鑫苗，周繁，张燕，等.浅析无人机在水环境监测工作中的应用[J].资
源节约与环保，2022（10）：33-36.

[46] 徐丽丽.水环境监测技术分析与监测质量控制要点研究[J].皮革制作与
环保科技，2023，4（2）：65-68.

[47] 许亚南.浅析离子色谱在水环境监测中的应用[J].皮革制作与环保科技，
2022，3（18）：47-49.

[48] 杨柳.水环境监测中离子色谱技术应用问题及改善策略探究[J].皮革制
作与环保科技，2023，4（3）：19-21.

[49] 杨茗涵，周广东，李嫣然.对水环境监测质量保证和质量控制的思考[J].
清洗世界，2023，39（1）：143-145.

[50] 杨晔，林彦君，陈丹丹，等.水环境监测与评价系统设计及应用[J].水利
信息化，2022（4）：88-92.

[51] 杨振雄.水环境监测中的生物监测技术[J].皮革制作与环保科技，2022，
3（23）：49-51，54.

[52] 于东召，胡媛媛，宛阳，等.高效液相色谱在水环境监测中的应用[J].皮
革制作与环保科技，2023，4（5）：19-21.

［53］余明星，邱光胜，李名扬，等.船载走航巡测技术在长江水环境监测中的应用［J］.人民长江，2022，53（12）：30-36.

［54］袁显龙，高飞鹏，张先波.水环境监测方法标准技术体系探讨［J］.中国标准化，2022（18）：103-105.

［55］张建国，鲁佳，蔡厚安，等.高光谱遥感技术在大冶地区水环境监测中的应用［J］.矿产勘查，2023，14（3）：471-479.

［56］张卫东.离子色谱技术在水环境监测中的应用［J］.皮革制作与环保科技，2022，3（17）：40-41，44.

［57］赵萍萍，徐效民，牛丽君.对水环境监测质量保证和质量控制的思考［J］.山西化工，2023，43（3）：266-268.

［58］郑婕，贾西雨，杨倩，等.密云水库水环境监测分中心实验室危险化学品安全管理体系建设探讨［J］.广州化工，2022，50（22）：238-240.

［59］钟彩霞，贾皓亮.1＋X证书背景下"水环境监测"混合式教学探究［J］.江西化工，2023，39（1）：117-120.

［60］朱启运，刘存庆，李昌洁，等.基于紫外可见吸收光谱微型污染溯源站的村镇水环境监测技术研究［J］.环境监控与预警，2022，14（5）：88-93.